法国烘焙教父的甜点配方

顶级面包店梅森凯瑟创办人甜点秘方大公开

70 款法式甜点及基础技法

在家复刻巴黎名店美味

L'ATELIER GOURMAND D'ÉRIC KAYSER

[法] 艾瑞克·凯瑟 著

布兰迪娜·博耶

[法] 麦西莫·佩斯纳 (Massimo Pessina) | 摄影　柯志仪 | 译

上海文化出版社

Sommaire
目 录

前言

1996 年，我在巴黎蒙吉街（rue Mange）开设了我的第一家面包店，希望与大家分享这融合了我的童年滋味、带有焙炒谷物香气的液种酵母面包。当时的我并不知道，日后这家店竟会成为先锋大使，带领我的面包在世界各地开疆辟壤。从那一天起，无论从巴黎到东京，还是从纽约到新加坡，我从未停止将我的手艺传授并推广给所有热爱地道美味面包的食客。

这份分享和传授技术的渴望，正是法国工匠协会（Compagnons du Devoir）存在的理由，也是我在烘焙学校及梅森凯瑟面包坊担任培训教师时，从未背离的一贯信念。"教学相长"是我的座右铭，担任教师的每一天，都是我从他人身上学习的好机会。

本书便是秉持着这样的人生哲学撰写而成，希望我多年的烘焙经验，能够造福更多喜爱烘焙的人。甜食爱好者可以通过难度由浅入深的食谱，找到满足口腹之欲的方法，获得独享美味或是多人共享的单纯喜悦：你可以带着果干磅蛋糕、水果挞、费南雪、小饼干、马卡龙和玛德莲小蛋糕去办公室或去野餐；卖相极佳的费雪草莓蛋糕、欧培拉蛋糕、夏洛特覆盆子蛋糕、千层派或圣欧诺黑泡芙蛋糕，则适合为家庭或朋友聚餐画下完美句点。

我希望这本食谱能成为大家厨房里简单又实用的工具，一步步引导那些渴望用双手创造美味、分享甜蜜友谊的人们。此外，我在本书中特辟了无麸质点心的章节，好让那些过敏体质的人也能尽情享用甜点。

那么，小朋友、大朋友、各位烘焙同好与专业人士，跟我一起走进厨房，
享受美味就从动手搅拌开始！

贴心建议

迈向甜点的成功之路！

本书食谱经改良与实际试做，从比较简单、适合亲子一起动手制作的午后点心和果干磅蛋糕，到制作费工、令人惊叹的聚餐和饭后甜点，皆适合在自家厨房烘焙，且更容易操作。

浏览本书时，如果你突然有一股无法遏止的冲动，想立刻动手做玛德莲蛋糕或糖粒泡芙，在你穿上围裙之前，有几项建议希望你谨记在心：

设备器材

模具

我要再次强调：质量好的模具绝对值得花钱购买。

· 选择不锈钢材质的模具，使用时一定要抹上足量黄油，使用完毕后要确保完全干燥（例如将模具放入电源已关闭但仍在微温状态的烤箱里烘干）。

· 不粘模具很吸引人，但你得像呵护眼球般地细心保养它们才行（直接在模具里切挞派可不是好习惯）。

· 硅胶模具呢？这与个人使用习惯及喜好有关。家庭号的大型模具不见得好用，特别是在你用面糊填满硅胶模具前，忘了先在底下垫一个烤盘的时候，况且，给大硅胶挞模具脱模经常有如杂技般惊险。相反，要制作本书第44页那样的迷你费南雪和容易碎裂的小蛋糕，硅胶模具就显得神奇且不可或缺，

若想完美呈现本书第24页的半熟黑巧克力蛋糕，只要像收折短袜那样，用两根手指将底部往上翻推即可脱模。用烘焙硅胶垫烤厚度为1厘米的薄片海绵蛋糕也同样好用。你可以用指甲小心地在硅胶模具上轻轻刮抠，质量好的模具应该不会出现刮痕才对。

· 避免使用不易上色的玻璃或瓷器挞模，尤其是在制作克拉芙缇布丁蛋糕的时候。

烤盘

将烤箱中的滴油盘铺上烘焙纸，可充当浅烤盘烘烤薄片海绵蛋糕。烘烤饼干和千层派皮时，可将两个相同尺寸的无边平板烤盘上下相叠，一起送进烤箱。

桌上型电动搅拌机

桌上型电动搅拌机是经常制作甜点的人不可或缺的工具，而且最好配备扇形和球形搅拌棒；小型电动搅拌器也能派上用场，只是比较费力而已。

手持式电动搅拌器

拥有一台出色的手持式电动搅拌器，才能让加了吉利丁和黄油的打发鲜奶油完美乳化，使其呈现丝缎般的柔滑质地。

慕斯圈或蛋糕框

若没有这些专业配件，何来饭后惊喜？况且帮成品脱模时总能带给人莫大的喜悦，一个可调整大小的蛋糕框或慕斯圈，可以让你的费雪草莓蛋糕赢得赞美的掌声。

烘焙小道具

开始做点心前，请准备好这些必备道具：

· 一至两把柔软有弹性的硅胶刮刀，其中一把须相当柔软，另一把中等柔软度即可。

· 一至两个打蛋器，最好是一大一小。

· 至少两把硅胶刷（或是涂料行货架上买得到的蚕丝材质毛刷），其中一把用来专门涂刷油脂。两把刷子必须都适用于洗碗机清洗。

· 一把金属抹刀。

· 二至三个可水洗的塑胶挤花袋（布料材质容易吸水、不易干），或也可以使用抛弃式挤花袋。

· 一组挤花嘴（至少包括三种大小的圆形花嘴和两种大小的星形花嘴），不锈钢或塑胶材质皆可。

更专业的道具

· 一个戳入式挤花嘴，适用于制作泡芙。

· 数个特殊挤花嘴，专门做圣欧诺黑泡芙蛋糕和圣诞节树干蛋糕。

· 建议使用甜点专用温度计，不过书中食谱还是会提供古早测量温度的方法：在冷水中倒入滚烫的糖浆（见本书第 184 页）。

· 温度设定和烘烤时间需要依照不同型号的烤箱做调整，烤箱内建的温度控制器不一定非常准确。

工作方法

时间安排

· 不要因为灵感突然涌现，就急着在当天之内完成一个步骤繁复的蛋糕，请务必确实谨守食谱中的指示。

· 提早于前一天完成食谱指示的加工作业，并按照规定时间执行静置的动作，这样才能让奶油馅具有良好质地。

· 大多数蛋糕在制作完成后都需要冷藏好几个小时，最好能冷藏一整晚；除非是千层派皮做底的蛋糕，因为它一旦放入冰箱变冷变软就不好吃了。

节省时间

· 有些食谱能做出两三倍量的成品，可先将它们冷冻保存。

· 生油酥面团和生千层派皮也可以冷冻，你只需将其分切成适当大小，或直接在烘焙纸上擀开后分层包好（就像市售生面团一样）。

· 如果你有好几个挞模，可将铺好挞皮的模具直接冷冻，之后随时拿出来加料烘烤即可。

· 将饼干面团滚卷成长条状放入冷冻库，方便日后依需求做部分解冻并烘烤。

白烧：预先烘烤挞皮

此步骤是为了防止挞皮底部糊化，同时是避免烘烤时挞皮回缩的唯一方法，本书第 70 页有详细的步骤解说。烘烤挞皮专用的陶瓷烘焙重石要在专业烘焙器材行才买得到，压重效果会比用生豆子好，因为豆子经过几次烘烤后重量会减轻许多；你也可以用仔细清洗过的鹅卵石来代替。

食材建议：

· 本书中所使用的面粉皆为法国 T45 面粉。（法国面粉以灰分来区分型号，中国面粉则以筋度来区分；T45 近似于我们常用的低筋面粉。）

· 食材分量表中，每包泡打粉的重量为 10 克。

· 食材分量表中，每片吉利丁的重量为 2 克。

Les gâteaux de tous les jours

家常蛋糕

开心果黑樱桃磅蛋糕

★★★

6~8 人份

准备时间： 15 分钟 | **烘烤时间：** 45 分钟

器材
长 24~26 厘米的长方形烤模 1 个

食材
面糊： 白砂糖 210 克、鸡蛋 3 颗、面粉 185 克、泡打粉 ⅓ 包、盐 2 小撮、全脂液态鲜奶油 100 毫升、黄油 40 克（室温回软）、开心果酱 70 克、冷冻黑樱桃 70 克

糖浆： 樱桃白兰地 1 小匙、白砂糖 1 大匙

混合面糊：

· 烤箱预热至 165℃（刻度 5~6）。将糖和蛋放入沙拉碗或搅拌机的搅拌盆内，以低速搅拌几分钟，直到糖蛋均匀混合并出现细致的泡沫。

· 加入一起过筛的面粉、泡打粉和盐，轻轻搅拌均匀。倒入鲜奶油，混合均匀。加入熔化的黄油和开心果酱，继续搅拌直到面糊质地光滑如缎。最后用硅胶刮刀将黑樱桃拌入面糊中。

· 在烤模底部及内壁涂抹一层黄油，再均匀撒上一层薄面粉*，倒入面糊，送入烤箱约 30 分钟后，将温度调降至 145℃（刻度 4~5），继续烘烤 15 分钟。

熬制糖浆：

· 用小锅将两大匙水、樱桃白兰地和糖煮沸，静置放凉。

· 蛋糕一出炉，就用毛刷趁热把糖浆刷淋在蛋糕上。

*注：步骤中所有涂撒在模具或工作台表面防止沾黏的黄油与面粉皆需另外准备。

Cake

蜜渍柠檬磅蛋糕

★★★

6~8 人份

准备时间：15分钟 | 烘烤时间：45分钟

器材

长 24~26 厘米的长方形烤模 1 个

食材

面糊：白砂糖 200 克、鸡蛋 3 颗、黄油 95 克（室温回软）、面粉 180 克、泡打粉 ½ 包、全脂液态鲜奶油 100 毫升、蜜渍柠檬 35 克、柠檬汁 1 大匙、柠檬皮屑 1½ 小匙

糖浆：柠檬汁 2 大匙、白砂糖 1 大匙

表面装饰：蜜渍柠檬 40 克（切丁）

混合面糊：

· 用食物切碎机将蜜渍柠檬、柠檬汁和柠檬皮屑切搅数秒钟，不要切得太细，以保留颗粒的口感。

· 烤箱预热至 165℃（刻度 5~6）。将糖和蛋放入沙拉碗或搅拌机的搅拌盆内，以低速搅拌几分钟，直到糖蛋均匀混合并呈现浓稠乳霜状。

· 加入一起过筛的面粉和泡打粉，轻轻搅拌均匀。倒入鲜奶油、加热熔化的黄油和碎柠檬，混合均匀。

· 在烤模底部及内壁涂抹一层黄油，再均匀撒上一层薄面粉，倒入面糊，送入烤箱约 30 分钟后，将温度调降至 145℃（刻度 4~5），继续烘烤 15 分钟。

熬制糖浆：

· 用小锅将两大匙水、柠檬汁和糖煮沸，静置放凉。

· 蛋糕一出炉，趁热用毛刷把糖浆刷淋在蛋糕上，然后在表面撒上蜜渍柠檬丁加以装饰。

变化版：蜜渍橙皮磅蛋糕

· 将本食谱中的蜜渍柠檬、柠檬汁和柠檬皮屑替换成蜜渍橙皮、柳橙汁和柳橙皮屑，并使用柑曼怡香橙干邑甜酒代替柠檬汁熬制糖浆。

Cake

综合果干磅蛋糕

★ ★ ★

6~8 人份

准备时间：10 分钟 | **烘烤时间：**45 分钟

器材

长 24~26 厘米的长方形烤模 1 个

食材

· 白砂糖 135 克

· 鸡蛋 2 颗

· 黄油 110 克（室温回软）

· 面粉 215 克

· 泡打粉 ½ 包

· 盐 2 小撮

· 牛奶 4 大匙

· 朗姆酒 2 大匙

· 综合果干 260 克

· 葡萄干 55 克

· 蜜渍橙皮细条 25 克

· 烤箱预热至 165℃（刻度 5~6）。将糖和蛋放入沙拉碗或搅拌机的搅拌盆内，以低速搅拌几分钟，直到糖蛋均匀混合并出现细致泡沫。加入室温回软的黄油，继续搅拌。

· 加入一起过筛的面粉、泡打粉和盐，轻轻搅拌均匀。加入牛奶、朗姆酒、综合果干、葡萄干及橙皮，用硅胶刮刀拌匀。

· 在烤模底部及内壁涂抹一层黄油，再均匀撒上一层薄面粉，倒入面糊，送入烤箱约 30 分钟后，将温度调降至 145℃（刻度 4~5），继续烘烤 15 分钟。

Cake

绿柠檬磅蛋糕

★★★

6~8 人份

准备时间： 15 分钟 | **烘烤时间：** 45 分钟

器材

长 24~26 厘米的长方形烤模 1 个

食材

· 白砂糖 240 克

· 鸡蛋 3 颗

· 黄油 40 克（室温回软）

· 面粉 185 克

· 泡打粉 1 包

· 盐 2 小撮

· 全脂液态鲜奶油 100 毫升

· 绿柠檬 2 颗（刨成皮屑）

· 葵花油 2½ 人匙

· 烤箱预热至 165℃（刻度 5~6）。将糖和蛋放入沙拉碗或搅拌机的搅拌盆内，以低速搅拌几分钟，直到糖蛋均匀混合并出现细致泡沫，加入黄油继续搅拌。

· 加入一起过筛的面粉、泡打粉和盐，轻轻搅拌均匀。加入鲜奶油、柠檬皮屑、葵花油，用硅胶刮刀拌匀。

· 在烤模底部及内壁涂抹一层黄油，再均匀撒上一层薄面粉，倒入面糊，送入烤箱约 30 分钟后，将温度调降至 145℃（刻度 4~5），继续烘烤 15 分钟。

椰香朗姆磅蛋糕

6~8 人份

准备时间：15 分钟 | 烘烤时间：40 分钟

器材
长 24~26 厘米的长方形烤模 1 个

食材

面糊
- 白砂糖 150 克
- 黄油 90 克（室温回软）
- 鸡蛋 2 颗
- 面粉 140 克
- 粗玉米粉 45 克
- 泡打粉 ½ 包
- 椰丝 75 克
- 朗姆酒 2½ 大匙
- 椰浆 3 大匙
- 全脂液态鲜奶油 60 毫升

糖浆
- 椰子利口酒 1 大匙
- 白砂糖 1 大匙

表面装饰
- 椰丝 1 大匙

混合面糊：

· 烤箱预热至 180℃（刻度 6）。将糖和黄油放入沙拉碗或搅拌机的搅拌盆内，以低速搅拌几分钟，直到均匀混合并呈浓稠乳霜状。在不停机的状态下，将蛋一颗颗打入盆内，搅拌均匀。

· 加入一起过筛的面粉、粗玉米粉和泡打粉，轻轻搅拌均匀。加入椰丝、朗姆酒、椰浆和鲜奶油，用硅胶刮刀拌匀。

· 在烤模底部及内壁涂抹一层黄油，再均匀撒上一层薄面粉，倒入面糊，送入烤箱约 25 分钟后，将温度调降至 160℃（刻度 5~6），继续烘烤 15 分钟。

熬制糖浆：

· 用小锅将两大匙水、椰子利口酒和糖煮沸，静置放凉。

· 蛋糕一出炉，用毛刷趁热把糖浆刷淋在蛋糕上，然后在表面撒上椰丝加以装饰。

巧克力磅蛋糕

准备时间：15分钟 | 烘烤时间：45分钟

器材
长 24~26 厘米的长方形烤模 1 个

食材
面糊：糖粉 160 克、白砂糖 20 克、鸡蛋 3 颗、黄油 180 克（室温回软）、面粉 165 克、可可粉 40 克、榛果粉 35 克、泡打粉 ¾ 包、盐 2 小撮、全脂液态鲜奶油 1 大匙、黑巧克力 165 克（块状或粗碎粒）

糖浆：朗姆酒 1 大匙、白砂糖 1 大匙

混合面糊：

·用烤箱预热至165℃（刻度 5~6）。将糖粉、砂糖和蛋放入沙拉碗或搅拌机的搅拌盆内，以低速搅拌几分钟，直到糖蛋均匀混合并呈浓稠乳霜状。加入黄油，再次搅拌。

·加入一起过筛的面粉、可可粉、榛果粉、泡打粉和盐，轻轻搅拌均匀。加入鲜奶油和黑巧克力，用硅胶刮刀拌匀。

·在烤模底部及内壁涂抹一层黄油，再均匀撒上一层薄面粉，倒入面糊，送入烤箱约 30 分钟后，将温度调降至 145℃（刻度 4~5），继续烘烤 15 分钟。

熬制糖浆：

·用小锅将两大匙水、朗姆酒和糖煮沸，静置放凉。

·蛋糕一出炉，就用毛刷趁热把糖浆刷淋在蛋糕上。

Cake

半熟黑巧克力蛋糕

★★★

6~8 人份

准备时间：10分钟 | **烘烤时间**：12~14 分钟或 8 分钟（视蛋糕大小而定）

器材
直径 18 厘米的圆形烤模 1 个，或直径 8 厘米的圆形烤模 6 个

食材
纯度 65% 的黑巧克力 150 克、黄油 135 克、鸡蛋 4 颗、白砂糖 170 克、过筛面粉 60 克

混合面糊：

·烤箱预热至180℃（刻度6），最好开启"热风循环"模式。将黑巧克力和黄油切成小块放入盆内，以隔水加热的方式将两者一起熔化，轻轻搅拌均匀后移开热源。将糖和蛋放入大碗内搅拌均匀，直到颜色变为淡白并呈浓稠乳霜状。

·将糖蛋混合液均匀拌入熔化的黄油巧克力中，接着一边慢慢倒入过筛的面粉，一边用硅胶刮刀搅拌均匀。

·将烤模底部及内壁涂抹一层黄油，再均匀撒上一层薄面粉，倒入面糊，送入烤箱12~14 分钟（若使用直径 8 厘米的圆形烤模，则只需烘烤 8 分钟）。

·取出蛋糕，待稍微降温后再脱模，并静置于散热架上放凉。

乳酪蛋糕

★★★
6~8 人份

准备时间：15分钟 | 烘烤时间：1 小时 20 分钟 | 冷藏时间：1 晚

器材
直径 18~20 厘米的圆形脱底蛋糕模 1 个

食材

蛋糕底
· 黄油 105 克（室温回软）
· 黄砂糖 105 克
· 杏仁粉 105 克
· 面粉 105 克

蛋糕体
· 白奶酪 180 克
· 白砂糖 180 克
· 卡夫菲力奶油奶酪 400 克
· 鸡蛋 3 颗
· 香草精 1 小匙

前一天，制作蛋糕底：
· 烤箱预热至 150℃（刻度 5）。
· 将黄油和黄砂糖放入沙拉碗内 1。
· 先加入杏仁粉，再加入面粉 2。
· 在碗里将食材揉捏成团，再移至工作台上继续揉压均匀 3。
· 将面团压展铺平在烤模底部，然后沿烤模内壁以手指轻轻压挤面团筑墙 4 – 5，送入烤箱烘烤 10 分钟。

制作蛋糕体：
· 将白奶酪、白砂糖和奶油奶酪放入盆内 6 搅拌均匀 7。将蛋一次一颗打入盆内 8，再加入香草精，搅拌均匀 9。
· 从烤箱取出烤好的蛋糕底 10，将温度调降至 140℃（刻度 4~5）。将奶酪糊填入蛋糕底 11，送入烤箱约 1 小时，烘烤期间一旦发现蛋糕表面开始龟裂，就要马上停止烘烤。
· 静置于烤箱中等待冷却，然后放入冰箱冷藏至隔天。

建议
· 可用当季水果装饰蛋糕，并搭配果泥或果酱一起享用。

①

②

③

Cheesecake

乳酪蛋糕

4

5

6

7

8

9

10

11

Brownies
坚果布朗尼

★ ★ ★
12 个中型
或 24 个
迷你布朗尼

准备时间： 10 分钟 | **烘烤时间：** 25 分钟

器材

边长 24 厘米的正方形烤模 1 个，
或 20 厘米 ×30 厘米的方形烤模 1 个

食材

· 面粉 85 克
· 盐 2 小撮
· 泡打粉 ⅓ 包
· 黄油 215 克
· 黑巧克力 245 克（块状或粗碎粒）
· 鸡蛋 4 颗
· 白砂糖 290 克
· 碎坚果 145 克
· 核桃仁 145 克

· 烤箱预热至 160℃（刻度 5~6）。将面粉、盐和泡打粉一起过筛。

· 用微波炉或小锅加热熔化黄油，移开热源后，加入黑巧克力静置几分钟，再手动搅拌均匀。

· 将糖和蛋放入大碗内搅拌均匀，再与过筛的粉料混合，最后加入碎坚果和熔化的黄油巧克力。

· 在烤模底部及内壁涂抹一层黄油，倒入面糊，撒上核桃仁，送入烤箱烘烤 25 分钟。

· 取出布朗尼，待稍微降温后再脱模，等完全冷却后即可切块食用。

Pain d'épices

水果香料蛋糕

★ ★ ★

6~8 人份

准备时间： 2 天加起来 20 分钟 **| 浸泡时间：** 24 小时 **| 烘烤时间：** 2 小时

器材
长 18 厘米的长方形烤模 1 个

食材
面糊
· 面粉 140 克
· 马铃薯淀粉 15 克
· 泡打粉 ½ 包
· 小苏打粉 1 小平匙
· 朗姆酒 2 大匙
· 杏桃干 30 克（切丁）
· 蜜渍橙皮 30 克（切丁）
· 去核黑枣干 30 克（切丁）
· 去皮杏仁粒 30 克

香料糖水
· 白砂糖 80 克
· 蜂蜜 80 克
· 八角 4 颗
· 四香粉（姜、丁香、肉豆蔻、胡椒）¼ 小匙
· 肉桂棒 ½ 根

前一天，熬煮香料糖水：
· 在小锅里放入所有熬制糖水的食材，加入 120 毫升的水，以小火熬煮 5 分钟后熄火，浸泡香料 24 小时。

隔天：
· 用筛网沥出香料糖水。
· 烤箱预热至 160℃（刻度 5~6）。将面粉、马铃薯淀粉、泡打粉和小苏打粉放入盆内充分混合。加入香料糖水搅拌均匀，再加入朗姆酒、果干和杏仁粒，用硅胶刮刀拌匀。
· 在烤模底部及内壁涂抹一层黄油，铺上两层烘焙纸，倒入面糊，送入烤箱烘烤 2 小时。

Gâteau Basque
巴斯克蛋糕

★ ★ ★
6~8 人份

准备时间：30 分钟 I 冷藏时间：3 小时 I 烘烤时间：40 分钟

器材
直径 24 厘米的圆形烤模 1 个，或直径 10 厘米的圆形烤模 8 个

食材
面团： 面粉 245 克、泡打粉 ¾ 包、奶油 150 克、白砂糖 75 克、黄砂糖 45 克、杏仁粉 30 克、蛋黄 3 颗、香草精 2 小匙

卡士达酱： 白砂糖 30 克、蛋黄 1 颗、玉米粉 1 大平匙、牛奶 150 毫升、黄油 20 克

杏仁黄油馅： 黄油 65 克（室温回软）、鸡蛋 1 颗、白砂糖 65 克、杏仁粉 65 克、玉米粉 1 大平匙、朗姆酒 4 大匙

蛋糕表面上色： 蛋黄 2 颗

制作面团：
· 将面粉和泡打粉一起过筛。将制作面团的其他所有食材放入搅拌机的搅拌盆内，以低速搅拌几分钟，再倒入过筛的粉料继续搅打至均匀混合。将面团揉整成圆球状，放入冰箱冷藏至少 1 小时。

制作卡士达酱：
· 将糖和蛋黄放入另一盆内搅打均匀，直到颜色变为淡白，加入玉米粉，继续一边搅拌一边倒入温热的牛奶。将均匀混合的奶蛋液倒入小锅中，以中火加热并持续搅拌约 5 分钟，直到奶糊变得浓稠。加入黄油，以手持电动搅拌器搅打直到均匀，然后将完成的卡士达酱放入冰箱冷藏至少 3 小时。

建议
· 制作卡士达酱，请参考 146 页的步骤说明。

制作杏仁奶油馅：
· 将杏仁奶油馅的所有食材全部搅拌均匀，再与冷藏的卡士达酱混合。

· 烤箱预热至 180℃（刻度 6）。将面团分成两份，其分量比为 1：2，分别滚圆。将大面团擀开，铺满烤模底部和内壁，然后填入卡士达杏仁奶油。

· 擀开小面团，裁出直径 24 厘米的圆面皮，用毛刷在面皮周围涂抹一层蛋黄液，然后将其摊平盖在烤模上，并以手指将面皮周围紧密捏合。

· 在面皮表面轻轻刷上两层蛋黄液，第一次刷完等 10 分钟，待干了之后再涂刷第二次。送入烤箱烘烤 40 分钟。

· 若使用 8 个小烤模，则将面团分别擀成 8 张直径 14 厘米和 8 张直径 10 厘米的圆面皮。

咕咕洛夫蛋糕

★ ★ ★

12~16 人份

准备时间：25 分钟（电动搅拌机）或 45 分钟（手动搅拌）
静置时间：4~5 小时 I 烘烤时间：25~35 分钟

器材
中型咕咕洛夫烤模（空心菊花模）2 个

食材
面团：面粉 275 克、盐 1 小平匙、白砂糖 55 克、奶粉 2 大匙、新鲜酵母 8 克、脱水液态酵母 *10 克、鸡蛋 2 颗、黄油 140 克（室温回软）、大颗的白葡萄干 80 克、杏仁片 85 克

表面装饰：杏仁粒 24 颗（放在烤模底部）、糖粉 40 克

· 除了黄油、白葡萄干和杏仁片，将制作面团的所有食材放入搅拌机的搅拌盆内，以低速搅拌 5 分钟，接着以高速搅拌 5 分钟，加入黄油后继续搅拌 5 分钟（手动搅拌的时间皆需加倍）。最后加入白葡萄干和杏仁片。

· 用微湿的布巾覆盖面团，于温暖的环境中静置 1 小时，让面团膨胀。

· 在盆内稍微压整面团，让空气排出。在撒了面粉的工作台上将面团切成两份，分别滚圆。在烤模底部及内壁均匀涂抹一层黄油，并在底部的每一个凹槽放入 1 颗杏仁粒。

· 在两个圆面团中央分别戳穿一个洞，用手指将面团捏成一圈环形，然后套进烤模中。

· 将面团及烤模于温暖的环境中静置 3~4 小时，进行二次发酵。

· 烤箱预热至 160℃（刻度 5~6）后，送入烤箱烘烤 25~35 分钟。

· 蛋糕一出炉即可脱模，静置于散热架上降温，撒上糖粉后食用，风味更佳。

*注：脱水液态酵母是由天然酵母液种脱水干燥制成。

Les biscuits
午茶小点

Madeleines

玛德莲

★★★
30 个
玛德莲

准备时间： 2 天加起来 10 分钟 | **冷藏时间：** 1 晚 | **烘烤时间：** 17 分钟

器材
玛德莲蛋糕连模 1 个

食材
· 黄油 220 克
· 面粉 220 克
· 泡打粉 ⅔ 包
· 鸡蛋 4 颗
· 白砂糖 250 克
· 香草精 1 小匙

前一天，混合面糊：

· 先将黄油熔化。将蛋、糖、香草精放入沙拉碗或搅拌机的搅拌盆内拌匀，混入一起过筛的面粉和泡打粉，加入熔化的黄油，继续搅拌至面糊质地光滑如缎。

· 最理想的做法，是在烤模内填入约 ⅔ 满的面糊，放入冰箱冷藏一晚（你也可以将面糊放进冰箱冷藏一晚，隔天再填模）——这样可以让烤出来的玛德莲肚脐凸得更明显。

隔天：

· 烤箱预热至 160℃（刻度 5~6）后，送入烤箱烘烤 17 分钟。

Financiers
原味费南雪

★ ★ ★
12 个传统
或 36 个
迷你费南雪

准备时间： 10 分钟 | **烘烤时间：** 14 分钟

器材
费南雪蛋糕连模 1 个

食材
· 黄油 65 克
· 糖粉 115 克
· 杏仁粉 55 克
· 泡打粉 1 小撮
· 面粉 35 克
· 蛋白 2 颗
· 香草精 1 小匙

· 用微波炉或小锅加热熔化黄油。烤箱预热至 160℃（刻度 5~6）。将糖粉、杏仁粉、泡打粉和面粉放入大碗内均匀混合。

· 在沙拉碗或搅拌机的搅拌盆内以低速打发蛋白，接着一点一点加入混合粉料及香草精，最后加入熔化的黄油，边加边搅拌，直到面糊混拌均匀。

· 在烤模底部及内壁涂抹一层黄油*（硅胶烤模不需抹油），倒入面糊，送入烤箱烘烤 14 分钟。

建议
· 传统费南雪蛋糕模的尺寸是 9.5 厘米 ×5 厘米的长方形，或直径 7.5 厘米的圆形。
· 烘烤迷你费南雪可使用直径 3 厘米的半球状硅胶烤模。

*注：步骤中涂抹在模具表面防止沾黏的黄油皆需另外准备。

巧克力和开心果费南雪

★ ★ ★
12 个传统
或 36 个
迷你费南雪

准备时间： 10 分钟 | **烘烤时间：** 14 分钟

器材
费南雪蛋糕连模 1 个

食材	食材
巧克力口味	**开心果口味**
· 黄油 55 克	· 开心果酱 12 克
· 糖粉 115 克	· 黄油 65 克
· 杏仁粉 30 克	· 糖粉 15 克
· 榛果粉 30 克	· 杏仁粉 55 克
· 泡打粉 1 小撮	· 泡打粉 1 小撮
· 面粉 15 克	· 面粉 35 克
· 蛋白 2 颗	· 蛋白 2 颗
· 可可粉 15 克	

· 制作流程同原味费南雪，先将所有粉料混合，再混拌面糊。

· 制作流程同原味费南雪，先将所有粉料混合，在倒入熔化的黄油前需先加入开心果酱充分拌匀。

建议
· 烤模送入烤箱前，可在面糊上撒些巧克力碎块。

建议
· 烤模送入烤箱前，可在面糊上撒些开心果碎粒。

Financiers
抹茶费南雪

★ ★ ★
12 个传统
或 36 个
迷你费南雪

准备时间： 10 分钟 | **烘烤时间：** 14 分钟

器材

费南雪蛋糕连模 1 个

食材

黄油 65 克、糖粉 115 克、杏仁粉 55 克、泡打粉 1 小撮、抹茶粉 2 小匙、面粉 35 克、蛋白 2 颗

· 用微波炉或小锅加热熔化黄油。烤箱预热至 160℃（刻度 5~6）。将糖粉、杏仁粉、泡打粉、抹茶粉和面粉放入大碗内均匀混合。

· 在沙拉碗或搅拌机的搅拌盆内以低速打发蛋白，接着一点一点加入混合粉料，最后加入熔化的黄油，边加边搅拌，直到面糊混拌均匀。

· 在烤模底部及内壁涂抹一层黄油（硅胶烤模不需抹油），倒入面糊，送入烤箱烘烤 14 分钟。

建议

· 传统费南雪蛋糕模的尺寸是 9.5 厘米 ×5 厘米的长方形，或直径 7.5 厘米的圆形。

· 烘烤迷你费南雪可使用直径 3 厘米的半球状硅胶烤模。

杏仁瓦片酥

★ ★ ★
36~48 片
瓦片酥

准备时间： 10 分钟 | **烘烤时间：** 7 分钟

食材

· 蛋白 3 颗
· 白砂糖 125 克
· 香草精 1 小匙
· 面粉 25 克
· 杏仁片 125 克

· 烤箱预热至 180℃（刻度 6）。将蛋白、糖、香草精和面粉放入沙拉碗里，用搅拌棒搅打直到面糊混合拌匀，然后加入杏仁片，用硅胶刮刀稍微拌几下即可。

· 在烤盘底部铺上烘焙纸或烘焙硅胶垫，用大汤匙舀起面糊，一勺一勺间隔整齐地排放并推平。

· 送入烤箱烘烤 7 分钟，瓦片酥周围会呈现均匀的焦黄色。

· 取出烤盘，趁瓦片酥仍柔软易弯曲时，用金属刮板迅速将其剥离烘焙纸或硅胶垫，一次铺 3~4 片在擀面棍（或空瓶）上，等到变硬定形后立即取下，放入密封盒罐里以保持酥脆。

变化版：橙皮瓦片酥

· 用杏仁角代替杏仁片，并且在调制面糊的最后加入 50 克的蜜渍橙皮丁。

Palets
葡萄干小圆饼

★ ★ ★
36~48 片
小圆饼

准备时间: 10 分钟 | **烘烤时间:** 7 分钟

食材

· 蛋白 3 颗
· 白砂糖 125 克
· 面粉 25 克
· 杏仁角 55 克
· 葡萄干 50 克

· 烤箱预热至 180℃（刻度 6）。将蛋白、糖和面粉放入沙拉碗里，用打蛋器搅打直到面糊混合拌匀，然后加入杏仁角，用硅胶刮刀稍微拌几下即可。

· 在烤盘底部铺上烘焙纸或烘焙硅胶垫，用大汤匙舀起面糊，一勺一勺间隔整齐地摆放并压扁。

· 在面糊表面撒上葡萄干，送入烤箱烘烤 7 分钟，小圆饼的周围会呈现均匀的焦褐色。

· 取出烤盘，迅速将小圆饼剥离烘焙纸或硅胶垫，待放凉后即可放入密封盒罐里以保持酥脆。

钻石奶油酥饼

★ ★ ★
50 片
奶油酥饼

准备时间：2 天加起来 15 分钟 **❙ 冷藏时间**：1 晚 **❙ 烘烤时间**：10 分钟

食材

面团：黄油 225 克（室温回软）、白砂糖 100 克、香草精 1 小匙、蛋黄 1 颗、面粉 315 克

沾裹面团用：蛋黄 1 颗、白砂糖 75 克

前一天，制作面团：

·将黄油、糖和香草精放入搅拌机的搅拌盆内，搅打至浓稠乳霜状，接着均匀混入蛋黄和面粉。将面团分成两份，分别滚塑成直径约 4 厘米的长条状，包上保鲜膜放入冰箱冷藏至少一晚。

隔天：

·烤箱预热至 180℃（刻度 6）。拆下保鲜膜，用刷子将面团表面涂满打散的蛋黄液，再将面团放在砂糖上来回滚动，使表面沾满砂糖。将面团切成厚度约 1.5 厘米的圆片，逐一摆在铺了烘焙纸或烘焙硅胶垫的烤盘上，送入烤箱烘烤 10 分钟。

变化版：钻石巧克力酥饼

·制作流程同上，只有面团分量略微不同：265 克黄油（室温回软）、白砂糖 105 克、蛋黄 1 颗、面粉 265 克、可可粉 35 克和盐 2 小撮。混合食材前要先将面粉、可可粉和盐过筛。

Meringues

烤蛋白霜

★ ★ ★
24 个中型
蛋白霜

准备时间：5 分钟 | **烘烤时间：**1 小时

食材

蛋白 3 颗、白砂糖 200 克

· 烤箱预热至 100℃（刻度 3~4）。用电动搅拌机打发蛋白，在不停机的状态下一点一点倒入砂糖，搅打到质地如丝缎般光滑。

· 在烤盘底部铺上烘焙纸或烘焙硅胶垫，用大汤匙舀起蛋白霜，一勺一勺间隔整齐地摆放在上头，接着送入烤箱烘烤 1 小时。

· 烤好的蛋白霜直接在烤盘上放凉后再剥下来，保存在密封盒罐里可防潮并保持酥脆。

变化版

· 可依喜好加几滴食用色素，将蛋白霜染色。

· 送入烤箱前，可在蛋白霜表面撒些杏仁片。

Langues de chat

猫舌饼

★ ★ ★
50 片
猫舌饼

准备时间：10 分钟 | **烘烤时间：**5 分钟

食材

· 黄油 75 克（室温回软）
· 糖粉 125 克
· 过筛面粉 100 克
· 蛋白 3 颗
· 香草精 1 小匙

· 将黄油和糖粉放入大碗里拌匀，再混入蛋白、过筛面粉和香草精。

· 烤箱预热至 180℃（刻度 6）。将面糊倒入装有直径 6 毫米圆形花嘴的挤花袋。在烤盘底部铺上烘焙纸或烘焙硅胶垫，然后每间隔 2 厘米距离挤上一条 6~7 厘米的长条面糊，送入烤箱烘烤 5 分钟，烤好的饼干周围会呈现均匀的焦褐色。

· 取出烤盘，将饼干剥离烘焙纸或硅胶垫，放凉后即可放入密封盒罐里以保持酥脆。

巧克力坚果饼干

24 片饼干

准备时间：10 分钟 | 冷冻时间：1 小时 | 烘烤时间：12~14 分钟

器材
长 24~26 厘米的长方形烤模 1 个

食材
黑巧克力口味：面粉 365 克、泡打粉 1 包、盐 1 小平匙、黄油 185 克（室温回软）、黄砂糖 395 克、鸡蛋 2 颗、黑巧克力 340 克（块状或粗碎粒）、核桃仁 100 克、山核桃仁 110 克

白巧克力口味：面粉 370 克、泡打粉 1 包、盐 1 小平匙、黄油 185 克（室温回软）、黄砂糖 340 克、鸡蛋 2 颗、白巧克力 340 克（圆片或粗碎粒）、核桃仁 100 克、山核桃仁 110 克

· 将面粉、泡打粉和盐混合一起过筛。
· 用电动搅拌机将黄油和糖搅拌至浓稠乳霜状，加入鸡蛋混拌均匀，随即倒入过筛的粉料，一边用手拌揉面团，一边加入巧克力、核桃仁和山核桃仁。
· 在桌上铺一大张长方形保鲜膜，将面团滚塑成直径 5~6 厘米的长条状，再包卷起来放入冰箱冷冻至少 1 小时。
· 烤箱预热至 180℃（刻度 6），开启"热风循环"模式。
· 拆下保鲜膜，将面团切成厚度约 1.5 厘米的圆片，逐一摆在金属浅烤盘或铺了烘焙纸的烤盘上，送入烤箱，依饼干大小烘烤 12~14 分钟。烤好的饼干应该边缘酥脆但中央软韧。
· 待稍微降温再将饼干从烘焙纸上剥下来。

建议
· 你可以像美国人那样，食用前把饼干放入微波炉里加热 10 秒钟，使其中的巧克力软化，然后配一大杯冰牛奶，风味绝佳。
· 做饼干时可将食材分量增加二或三倍，多做几份长条面团冷冻保存，下次想吃的时候拿出来稍微解冻一下，按所需分量切片烘烤即可。

土耳其方块饼

★ ★ ★

50 片饼干

准备时间： 2 天加起来 20 分钟 | **冷藏时间：** 24 小时 | **烘烤时间：** 6 分钟

食材

· 黄油 200 克（室温回软）

· 糖粉 150 克

· 蛋白 1 颗

· 面粉 250 克

· 杏仁片 175 克

· 肉桂粉 ½ 小匙

前一天，制作面团：

· 将黄油和糖粉放入搅拌机的搅拌盆内，搅打至浓稠乳霜状态。在另一搅拌盆里拌匀蛋白、面粉、杏仁片和肉桂粉之后，全部倒入刚混拌好的黄油乳霜盆内与之混合，压揉成面团。

· 找个长宽约 16 厘米 ×10 厘米的塑胶保鲜盒，将面团紧实地压入盒内，使其高度约 3.5 厘米，然后放入冰箱冷藏 24 小时。

隔天：

· 烤箱预热至 180℃（刻度 6）。将方块面团从保鲜盒取出平放在砧板上，切成数条 4 厘米宽的长条，再分切成厚度约 0.5 厘米的片，整齐排放在铺了烘焙纸或烘焙硅胶垫的烤盘上，送入烤箱烘烤 6 分钟。

· 取出烤盘静置放凉，即可把饼干放入密封盒罐里保存。

Les tartes

挞类点心

油酥面团（基础配方）

★ ★ ★
24~26 厘米
圆形派盘
1 份

准备时间： 2 天加起来 10 分钟 | **冷藏时间：** 至少 1 小时（最好 1 晚）+ 1 小时
烘烤时间： 视不同食谱而定

食材

黄油 90 克、白砂糖 20 克、糖粉 35 克、盐 2 小撮、杏仁粉 20 克、鸡蛋 1 颗、面粉 145 克

前一天，制作面团：

· 将黄油、砂糖、糖粉、盐和杏仁粉放入搅拌机的搅拌盆内 1 。

· 以低速搅拌直到呈黏稠面糊状 2 。

· 加入鸡蛋，继续搅拌。

· 加入面粉，继续搅拌均匀直到形成面团。

· 用保鲜膜将面团包起来，放入冰箱冷藏至少 1 小时，最好冰一整晚 3 。

隔天：

· 依照不同食谱的指示预热烤箱。在工作台上撒些面粉*，然后将面团擀成厚度约 3 毫米的挞皮 4 。

· 将挞皮折叠成 4 等份 5 或卷在擀面棍上，方便移到派盘内。

· 将挞皮摊开铺盖在派盘上，务必确认派盘底部与边缘内角凹折处的挞皮不要压得太紧

实，这样在烘烤过程中容易回缩 6 ；铺整好的挞皮必须稍微超出派盘边缘顶端。将派盘连同挞皮一起放入冰箱冷藏 1 小时。

· 剪一张比派盘大的圆形烘焙纸片 7 ，其面积必须大到足够覆盖从派盘底部至边缘的整块挞皮。

· 将圆形纸片铺在派盘与挞皮上。

· 在派盘内填满陶瓷烘焙重石 8 。

· 送入烤箱，依照不同食谱建议的时间烘烤，出炉后再将烘焙纸及重石取出** 9 。

建议

· 在烤熟的挞皮内填入奶油馅和水果即可食用，或放入烤箱继续烘烤（请参考各食谱说明）。

· 制作此款油酥面团时，使用电动搅拌机或手动搅拌皆可。

---

* 注：步骤中涂撒在模具或工作台表面，防止沾黏的黄油与面粉皆需另外准备。

** 译注：取出烘焙纸及重石后，会将挞皮再送回烤箱烘几分钟，把底部烤干并呈现微微焦黄烤色，整个烘烤流程即为"白烧"（见本书第 7 页）。

Tarte

香草卡士达草莓挞

★ ★ ★

6~8 人份

准备时间：35 分钟（不包括制作油酥面团）
烘烤时间：20 分钟 | 冷藏时间：2 小时

器材
直径 24 厘米的圆形脱底挞模（或挞圈）1 个，或直径 10 厘米的小挞模 8 个

食材
油酥面团：黄油 90 克、白砂糖 20 克、糖粉 35 克、盐 2 小撮、杏仁粉 20 克、鸡蛋 1 颗、面粉 145 克

杏仁奶油馅：黄油 50 克、白砂糖 50 克、鸡蛋 1 颗、杏仁粉 50 克、玉米粉 1 小匙、朗姆酒 1 小匙

香草卡士达鲜奶油馅：白砂糖 60 克、蛋黄 2 颗、玉米粉 25 克、香草粉 1 刀尖量、牛奶 300 毫升、吉利丁片 1 片、热水 2 大匙、全脂液态鲜奶油 150 毫升

表面装饰：新鲜草莓 500 克、糖粉适量

制作油酥面团：
· 依照本书第 70 页的步骤制作油酥面团。
· 烤箱预热至 160℃（刻度 5~6）。将挞皮铺盖在挞模上压整好备用。

制作杏仁奶油馅：
· 将黄油和糖放入搅拌机的搅拌盆内，搅打至浓稠乳霜状，加入鸡蛋、杏仁粉、玉米粉和朗姆酒混拌均匀，铺抹在挞皮上，送入烤箱烘烤 20 分钟。

处理草莓（表面装饰）：
· 将新鲜草莓迅速冲洗干净，用厨房纸巾吸干水分，除去蒂叶。若草莓太大就切半。

制作香草卡士达鲜奶油馅：
· 将糖和蛋黄放入另一盆内搅打，直到颜色变淡白，加入玉米粉和香草粉，继续一边搅拌一边慢慢倒入加热的牛奶。将均匀混合的奶蛋液倒回热牛奶的小锅里，以中火加热并持续搅拌约 5 分钟，直到奶糊变得浓稠。
· 将吉利丁片放入冷水里泡软 10 分钟后沥出，立刻加入 2 大匙热水搅拌溶解。将吉利丁水与奶糊拌匀，倒入沙拉碗里放凉。将冰冷的鲜奶油打发成香缇鲜奶油*，再用硅胶刮刀轻轻与奶糊混拌均匀。
· 将鲜奶油馅涂抹在底部装填了杏仁奶油馅的熟挞皮上，然后在上层铺满草莓，放入冰箱冷藏至少 2 小时，食用前撒些糖粉。

*注：香缇鲜奶油即为打发的蓬松鲜奶油，常与香精或糖一起打发，使其带有香气和风味。此外冰透的鲜奶油较容易打发。

巧克力焦糖榛果挞

★★★

6~8 人份

准备时间： 30 分钟（不包括制作油酥面团）
烘烤时间： 45 分钟 | **冷藏时间：** 2 小时

器材
直径 20 厘米的圆形脱底挞模（或挞圈）1 个，或直径 10 厘米的小挞模 8 个

食材
油酥面团： 黄油 90 克、白砂糖 20 克、糖粉 35 克、盐 2 小撮、杏仁粉 20 克、鸡蛋 1 颗、面粉 145 克

巧克力酱： 黑巧克力 110 克（块状或粗碎粒）、白巧克力 110 克（块状或粗碎粒）、全脂液态鲜奶油 200 毫升、黄油 45 克、鸡蛋 2 颗、蛋黄 1 颗、香草精 1 大匙

焦糖榛果脆酥馅： 焦糖榛果酱 180 克、薄脆酥饼碎片 20 克（可上网或至烘焙材料实体店购买）

镜面巧克力： 黑巧克力 75 克、黄油 25 克

制作油酥面团：
·依照本书第 70 页的步骤制作油酥面团。
·烤箱预热至 160℃（刻度 5~6）。将挞皮铺盖在挞模上压整好，送入烤箱白烧 15 分钟。

制作巧克力酱：
·将鲜奶油和黄油用厚底小锅加热煮沸后，倒入装了两种巧克力的沙拉碗内，静置几分钟再开始搅拌，直到变成质地光滑浓稠的巧克力酱。在另一盆内将鸡蛋、蛋黄和香草精搅拌均匀，再倒入巧克力酱中继续混拌均匀。

制作焦糖榛果脆酥馅：
·将焦糖榛果酱和薄脆饼碎片混拌均匀，涂抹在挞皮上，接着倒入巧克力酱覆盖其上，送入烤箱烘烤 30 分钟，出炉后稍微静置降温，再放入冰箱冷藏至少 2 小时。

制作镜面巧克力：
·用微波炉或隔水加热 1 分钟，熔化并混合黑巧克力和黄油，拌匀后浇淋于挞面。

建议
·巧克力挞完成后，可在表面放些杏仁糖或榛果糖碎片作装饰：将白砂糖 30 克和杏仁糖或榛果糖 30 克放入不粘锅，以小火翻炒约 5 分钟使其上色，然后移出放在烘焙纸上压平放凉。

双杏开心果挞

★ ★ ★

6~8 人份

准备时间： 20 分钟（不包括制作油酥面团）| **烘烤时间：** 45 分钟

器材
直径 20 厘米的圆形脱底挞模（或挞圈）1 个，或直径 10 厘米的小挞模 8 个

食材
油酥面团： 黄油 90 克、白砂糖 20 克、糖粉 35 克、盐 2 小撮、杏仁粉 20 克、鸡蛋 1 颗、面粉 145 克

杏仁开心果奶油馅： 黄油 75 克（室温回软）、开心果酱 40 克、白砂糖 75 克、鸡蛋 2 颗、杏仁粉 75 克、玉米粉 1 大平匙、朗姆酒 ½ 大匙

水果填料： 罐头杏桃 800 克（去核切半）或当季杏桃 1 公斤

表面装饰： 市售镜面果胶 3 大匙（或杏桃果酱 2 大匙，加水 2 大匙调匀过筛）、开心果碎粒 30 克

制作油酥面团：
· 依照本书第 70 页的步骤制作油酥面团。
· 烤箱预热至 160℃（刻度 5~6）。将挞皮铺盖在挞模上压整好，送入烤箱白烧 15 分钟。

制作杏仁开心果奶油馅：
· 将黄油、开心果酱和糖放入搅拌机的搅拌盆内，搅打至浓稠乳霜状，加入鸡蛋、杏仁粉、玉米粉和朗姆酒混拌均匀，铺抹在挞皮上，然后把所有的半瓣杏桃如花瓣环状排列其上，送入烤箱烘烤 30 分钟。
· 将镜面果胶稍微加温，涂刷在烤好的水果挞表面，最后撒上开心果碎粒。

Tarte au citron
蛋白霜柠檬挞

★★★
6~8 人份

准备时间：25 分钟（不包括制作油酥面团）
烘烤时间：24 分钟 | 冷藏时间：2 小时

器材
直径 24 厘米的圆形脱底挞模（或挞圈）1 个，或直径 10 厘米的小挞模 8 个

食材
油酥面团： 黄油 90 克、白砂糖 20 克、糖粉 35 克、盐 2 小撮、杏仁粉 20 克、鸡蛋 1 颗、面粉 145 克

柠檬卡士达酱： 现榨柠檬汁 35 克（约 5~6 颗柠檬，可依个人喜好保留果肉）、鸡蛋 2 颗、白砂糖 165 克、玉米粉 65 克、黄油 90 克

意式蛋白霜： 蛋白 2 颗、白砂糖 120 克

制作油酥面团：
·依照本书第 70 页的步骤制作油酥面团。
·烤箱预热至 160℃（刻度 5~6）。将挞皮铺盖在挞模上压整好，送入烤箱白烧 24 分钟。

制作柠檬卡士达酱：
·将柠檬榨汁，与果肉一起称量 35 克备用。以打蛋器将鸡蛋、糖和玉米粉搅拌均匀。取一厚底小锅将柠檬汁加热至沸腾，倒入蛋糊继续以打蛋器混拌，重新加热至沸腾后，一边加热一边继续搅拌约 2 分钟，直到蛋糊变得浓稠如卡式达酱。待稍微降温后，立即加入切成小块的黄油，并以手持电动搅拌器小心地搅打混合。将柠檬卡士达酱填入烤好的挞皮，放入冰箱冷藏至少 2 小时。

制作意式蛋白霜：
·将蛋白放入搅拌盆中。将 2 大匙水和糖加入厚底小锅中煮沸至 121℃，熬成糖浆。（如果你没有甜点专用温度计，将一小滴滚烫的糖浆滴入冷水中，应可用手指掐捏成软颗粒状。）
·煮糖浆的同时，用电动搅拌机打发蛋白，在不停机的状态下一点一点倒入滚烫的糖浆，搅打到蛋白霜的质地如丝绸般柔滑。用挤花袋或硅胶刮刀将蛋白霜装饰在柠檬挞表面，再用烘焙喷枪稍微火烤上色，或将蛋白霜柠檬挞放在贴近烤箱热源处，箱门微开，一边烘烤一边观察表面上色情形。

覆盆子百香果挞

6~8 人份

准备时间：20 分钟（不包括制作油酥面团）
烘烤时间：24 分钟 | 冷冻时间：1 小时

器材

直径 24 厘米的圆形脱底挞模（或挞圈）1 个，或直径 10 厘米的小挞模 8 个

食材

油酥面团：黄油 90 克、白砂糖 20 克、糖粉 35 克、盐 2 小撮、杏仁粉 20 克、鸡蛋 1 颗、面粉 145 克

百香果酱：百香果泥 110 克（或约 6 颗新鲜百香果汁加果肉）、柠檬汁 1 大匙、鸡蛋 3 颗、白砂糖 125 克、吉利丁片 1½ 片、黄油 240 克

镜面装饰（自由添加）：市售镜面果胶 2 大匙、百香果泥 1 大匙

表面装饰：新鲜覆盆子 1 盒

制作油酥面团：

· 依照本书第 70 页的步骤制作油酥面团。

· 烤箱预热至 160℃（刻度 5~6）。将挞皮铺盖在挞模上压整好，送入烤箱白烧 24 分钟。

制作百香果酱：

· 若使用新鲜百香果，对半切开后掏出果实内部，用细筛沥出果籽，将果汁和果肉称量 110 克备用。

· 将百香果泥、柠檬汁、鸡蛋和糖放入厚底小锅中，小火慢煮约 5 分钟，同时以打蛋器不停搅拌直到果酱变得浓稠但不至沸腾。将吉利丁片放入冷水里泡软 10 分钟后沥出，立刻放入温热的果酱中使其溶解，待稍微降温后加入切成小块的黄油，以手持电动搅拌器小心地搅打混合。

· 等果酱完全变凉再填入烤好的挞皮，放入冰箱冷冻至少 1 小时。

· 可依个人喜好，将镜面果胶和百香果泥稍微加温拌匀，涂刷在冷冻的百香果挞表面，然后在上头装点几颗覆盆子。

建议

· 你可以在百香果挞上点缀几颗烘干的百香果籽作装饰。

· 通常来说，购买现成的会比用新鲜百香果自制果泥省钱。

无花果梨子挞

6~8 人份

准备时间：20 分钟（不包括制作油酥面团）

烘烤时间：30 分钟

器材

直径 24 厘米的圆形脱底挞模（或挞圈）1 个，或直径 10 厘米的小挞模 8 个

食材

油酥面团

· 黄油 90 克

· 白砂糖 20 克

· 糖粉 35 克

· 盐 2 小撮

· 杏仁粉 20 克

· 鸡蛋 1 颗

· 面粉 145 克

杏仁开心果奶油馅

· 黄油 100 克

· 鸡蛋 2 颗

· 白砂糖 100 克

· 杏仁粉 100 克

· 玉米粉 1 大平匙

· 开心果酱 10 克

水果填料

· 罐头糖梨 400 克（切半），或新鲜西洋梨 4 颗（去皮切 4 等份）

· 新鲜无花果 250 克

· 市售镜面果胶 3 大匙（自由添加）

制作油酥面团：

· 依照本书第 70 页的步骤制作油酥面团。

· 烤箱预热至 170℃（刻度 5~6）。将挞皮铺盖在挞模上压整好备用。

制作杏仁开心果奶油馅：

· 将黄油、鸡蛋、糖和杏仁粉放入搅拌机的搅拌盆内，搅打至浓稠乳霜状，加入玉米粉混拌，再加入开心果酱拌匀。

· 在挞皮内填入奶油馅，再将所有的水果如花瓣环状排列其上，送入烤箱烘烤 30 分钟。

· 依个人喜好将镜面果胶稍微加温，涂刷在烤好的水果挞表面。

蒙吉莓果挞

6~8 人份

准备时间：25 分钟（不包括制作油酥面团）| 冷冻时间：1 晚
烘烤时间：24 分钟 | 冷藏时间：3 小时

器材

直径 24 厘米的圆形脱底挞模（或挞圈）1 个，或直径 10 厘米的小挞模 8 个

食材

油酥面团： 黄油 90 克、白砂糖 20 克、糖粉 35 克、盐 2 小撮、杏仁粉 20 克、鸡蛋 1 颗、面粉 145 克

综合莓浆果圆盘： 红色综合莓浆果（种类自选，新鲜或冷冻皆可）400 克、白砂糖 60 克、吉利丁片 3 片、覆盆子果泥 80 克

白奶酪鲜奶油馅： 白奶酪 200 克、糖粉 60 克、樱桃白兰地 1 大匙、吉利丁片 2 片、热水 2 大匙、全脂液态鲜奶油 200 毫升

前一天，制作油酥面团：

· 依照本书第 70 页的步骤制作油酥面团，放入冰箱冷藏备用。

制作综合莓浆果圆盘：

· 将新鲜莓浆果迅速冲洗干净（覆盆子和桑葚除外），用厨房纸巾吸干水分。

· 将 60 毫升的水和糖放入厚底小锅中加热溶解。将吉利丁片放入冷水里泡软 10 分钟后沥出，立刻放入温热的糖浆中使其溶解，再加入覆盆子果泥搅拌均匀。

· 剪一张比挞模更大的圆形烘焙纸铺于其上，或找一个比挞模稍微小一点的硅胶蛋糕烤模，倒入糖浆果泥，铺上综合莓浆果，放入冰箱冷冻一晚。

隔天：

· 烤箱预热至 160℃（刻度 5~6）。将挞皮铺盖在挞模上压整好，送入烤箱白烧 24 分钟。

制作白奶酪鲜奶油馅：

· 将白奶酪、糖粉和樱桃白兰地放入在沙拉碗中，用打蛋器混拌均匀。将吉利丁片放入冷水里泡软 10 分钟后沥出，立刻加入 2 大匙热水搅拌溶解，再慢慢倒入沙拉碗中，一边用力搅拌使其与白奶酪充分混合。将冰冷的鲜奶油打发成香缇鲜奶油，然后用硅胶刮刀与白奶酪拌匀。

组装：

· 将白奶酪奶油馅填入烤好的挞皮，再将冷冻综合莓浆果圆盘脱模并放置其上，放入冰箱冷藏至少 3 小时，这样可以让奶油馅凝固紧实，同时让冷冻莓浆果慢慢解冻。

Tarte Breton

覆盆子布列塔尼酥饼挞

★ ★ ★

6~8 人份

准备时间：25 分钟 | 烘烤时间：15 分钟 | 冷藏时间：2 小时

器材
直径 24 厘米的挞圈 1 个，或边长 24 厘米的正方形蛋糕框 1 个

食材
卡士达鲜奶油馅： 白砂糖 75 克、蛋黄 2 颗、玉米粉 30 克、牛奶 300 毫升、吉利丁片 4 片、热水 2 大匙、黄油 45 克、冰全脂液态鲜奶油 150 毫升

布列塔尼酥饼面团： 黄油 100 克（室温回软）、白砂糖 90 克、面粉 135 克、盐 ⅓ 小匙、泡打粉 ⅔ 包、蛋黄 2 颗

表面装饰： 覆盆子 2 盒、蜂蜜 1 大匙

制作卡士达酱：
·将糖和蛋黄放入盆内搅打，直到颜色变淡白，加入玉米粉，继续一边搅拌一边慢慢倒入加热的牛奶。将均匀混合的奶蛋液倒回热牛奶的小锅里，以中火加热并持续搅拌约 5 分钟，直到奶糊变得相当浓稠。

·将吉利丁片放入冷水里泡软 10 分钟后沥出，立刻加入 2 大匙热水搅拌溶解。将吉利丁水与奶糊拌匀，待稍微降温后加入切成小块的黄油，再以手持电动搅拌器搅打混合，放入冰箱冷藏备用。

制作布列塔尼酥饼面团：
·将黄油、砂糖、糖粉、盐和泡打粉放入搅拌机的搅拌盆内，以低速搅拌成细致均匀的油酥面团（也可以手动搅拌），然后用最少的拌揉次数与蛋黄混合，避免过度拌揉。

·烤箱预热至 170℃（刻度 5~6）。将挞皮铺盖在挞圈或蛋糕框上压整好，送入烤箱白烧 15 分钟，出炉后待稍微降温再脱模。

组装：
·将冰冷的鲜奶油打发成香缇鲜奶油，用硅胶刮刀轻轻与卡士达酱混拌均匀。将拌好的馅料铺抹在酥饼表面，将覆盆子整齐排放于其上，最后淋上 1 大匙蜂蜜，放入冰箱冷藏至少 2 小时。

Tarte Tatin
反烤苹果挞

★ ★ ★

6~8 人份

准备时间： 20 分钟（不包括制作千层派皮） | **烘烤时间：** 45 分钟

器材
直径 24 厘米的圆形蛋糕烤模 1 个

食材
中型苹果 10~12 个、白砂糖 300 克、圆形千层派皮 300 克（自制的纯奶油派皮或市售冷冻派皮皆可）

·将苹果削皮切半去核。

·烤箱预热至 175℃（刻度 5~6）。将 4 大匙水和糖放入厚底小锅中煮成焦糖，直到呈现澄亮的红棕色，立刻倒入烤模中，然后摆上切块的苹果，一个个挨紧排满。

·摊开比烤模稍大的圆形千层派皮，铺盖在整盘的苹果切块上，周围塞进烤模边缘，送入烤箱烘烤 45 分钟。

·让烤好的苹果挞静置 15 分钟，然后倒扣至餐盘上。

建议
·购买水果时，可以询问店家哪些品种的苹果较适合烘烤[*]。

·自制千层派皮，请参考本书第 142 页的步骤说明。

*译注：建议可选用果肉成熟稍软、香味浓厚的苹果，法国甜点师傅常使用黄皮的 Chantecler 品种来制作苹果挞。

黑樱桃奶酥挞

★ ★ ★

6~8 人份

准备时间： 20 分钟（不包括制作油酥面团） | **烘烤时间：** 30 分钟

器材
直径 26 厘米的挞模（或蛋糕模）1 个，或直径 10 厘米的小挞模 8 个

食材

油酥面团： 黄油 100 克、白砂糖 20 克、糖粉 40 克、盐 2 小撮、杏仁粉 20 克、鸡蛋 1 颗、面粉 165 克

杏仁奶油馅： 黄油 50 克、白砂糖 50 克、鸡蛋 1 颗、杏仁粉 50 克、玉米粉或卡士达粉 ½ 大匙、开心果酱 10 克

水果填料： 冷冻黑樱桃 700 克

杏仁奶酥： 杏仁粉 130 克、白砂糖 90 克、杏仁奶油馅 1 大匙（取自上列食材完成品）

制作油酥面团：
· 依照本书第 70 页的步骤制作油酥面团。
· 烤箱预热至 180℃（刻度 6）。将挞皮铺盖在挞模上压整好备用。

制作杏仁奶油馅：
· 将黄油和糖放入搅拌机的搅拌盆内，搅打至浓稠乳霜状，加入鸡蛋、杏仁粉、玉米粉和开心果酱混拌均匀。

制作杏仁奶酥：
· 将杏仁粉、糖和 1 大匙杏仁奶油馅放入沙拉碗内，用十指仔细捏捏，直到均匀混合成粗粒状。
· 将杏仁奶油馅填满挞皮底部，接着铺一层冷冻黑樱桃，最后将表面盖满奶酥，送入烤箱烘烤 30 分钟。

变化版：苹果奶酥挞
· 用 6~7 个苹果代替冷冻黑樱桃；杏仁奶油馅部分则以朗姆酒 2 小匙代替开心果酱。

焦糖巧克力挞

★ ★ ★

6~8 人份

准备时间： 25 分钟（不包括制作油酥面团）
烘烤时间： 24 分钟 | **冷冻时间：** 1 小时 | **冷藏时间：** 1 晚

器材
直径 20 厘米的圆形脱底挞模（或挞圈）1 个，或直径 10 厘米的小挞模 8 个

食材
油酥面团： 黄油 90 克、白砂糖 20 克、糖粉 35 克、盐 2 小撮、杏仁粉 20 克、鸡蛋 1 颗、面粉 145 克

焦糖浆： 白砂糖 60 克＋葡萄糖 60 克（或全部以白砂糖 120 克替代）、全脂液态鲜奶油 60 毫升、粗盐 ¼ 小匙、黄油 25 克

巧克力甘纳许： 白巧克力 150 克（块状或粗碎粒）、全脂液态鲜奶油 250 毫升

前一天，制作油酥面团：
· 依照本书第 70 页的步骤制作油酥面团。
· 烤箱预热至 160℃（刻度 5~6）。将挞皮铺盖在挞模上压整好，送入烤箱白烧 24 分钟。

制作焦糖浆：
· 将 2 大匙水、砂糖和葡萄糖放入厚底小锅中煮沸至 170℃，熬煮成略呈红棕色的糖浆，离火后加入鲜奶油、粗盐和黄油（小心不要被溅出的液体烫伤），再放回火炉继续熬煮 2~3 分钟，不停搅拌，直到温度降至 105℃即可关火。待稍微降温后，将焦糖浆倒入烤好的挞皮，使其均匀覆满底部，放入冰箱冷冻至少 1 小时。

制作巧克力甘纳许：
· 将鲜奶油加热至沸腾，倒入装了巧克力的沙拉碗内，静置几分钟，再用打蛋器搅拌直到呈现光滑细致的质地。当巧克力甘纳许降至常温，就可以倒进已填入焦糖浆的熟挞皮内，放入冰箱冷藏直到隔天食用。

建议
· 可用小焦糖块或牛奶糖来装饰挞面。

Tarte
咖啡巧克力挞

★ ★ ★

6~8 人份

准备时间：20 分钟（不包括制作油酥面团）
烘烤时间：54 分钟 | **冷藏时间**：3 小时

器材
直径 20 厘米的圆形脱底挞模（或挞圈）1 个，或边长 18 厘米的方形蛋糕框 1 个，或直径 10 厘米的小挞模 8 个

食材
油酥面团：黄油 90 克、白砂糖 20 克、糖粉 35 克、盐 2 小撮、杏仁粉 20 克、鸡蛋 1 颗、面粉 145 克

咖啡奶馅：全脂液态鲜奶油 250 毫升、黄油 50 克、咖啡粉 1 大匙、白砂糖 50 克、鸡蛋 2 颗、蛋黄 2 颗、玉米粉 15 克

甘纳许：甜点专用黑巧克力 160 克（块状或粗碎粒）、全脂液态鲜奶油 200 毫升、黄油 35 克、白砂糖 35 克

制作油酥面团：
· 依照本书第 70 页的步骤制作油酥面团。
· 烤箱预热至 160℃（刻度 5~6）。将挞皮铺盖在挞模或蛋糕框上压整好，送入烤箱白烧 24 分钟。

制作咖啡奶馅：
· 将鲜奶油、黄油、咖啡粉和糖放入厚底小锅中加热混匀。将鸡蛋、蛋黄和玉米粉放入沙拉碗中搅拌均匀，然后倒入小锅中边煮边搅拌。
· 将烤箱温度调高至 180℃（刻度 6）。将咖啡奶馅浇填入烤好的挞皮，送入烤箱烘烤 30 分钟，出炉后静置降温。

制作甘纳许：
· 将鲜奶油、黄油和糖放入厚底小锅加热混匀，倒入装了巧克力的沙拉碗内，静置几分钟，再用打蛋器搅拌直到质地光滑细致，倒进已填入咖啡奶馅的熟挞皮内，放入冰箱冷藏至少 3 小时。

建议
· 可用裹满巧克力的咖啡豆来装饰挞面。

La fameuse pâte á choux
法式泡芙

Pâte à choux
泡芙面糊（基础配方）

★ ★ ★
12 颗大泡芙
12 条闪电泡芙
8 颗车轮泡芙
18 颗修女泡芙

准备时间： 15 分钟 | **烘烤时间：** 视不同食谱而定

食材

牛奶 80 毫升、白砂糖 1 小匙、黄油 120 克、盐 ½ 小匙、过筛面粉 160 克、鸡蛋 3 颗

调制基础面糊：

·将 80 毫升的水、牛奶、糖、黄油和盐放入厚底小锅中 1 ，以木制搅拌匙混合拌匀 2 ，然后开火煮至沸腾。

·将过筛面粉全部一次倒入锅中 3 ，一边以温火加热，一边不断搅拌，直到面糊的水分收干结团 4 。

·将小锅离火，待稍微降温后，打入 1 颗鸡蛋与面糊混拌均匀 5 。

·接着将其他 2 颗鸡蛋分次拌入，一边不停地用力搅拌 6 。（步骤 5 、6 可用电动搅拌机代劳。）

·烤箱预热至 180℃（刻度 6）。

·在烤盘底部铺上烘焙纸，用硅胶刮刀将面糊装入挤花袋。

制作原味泡芙：

·在烘焙纸上直立挤出直径约 6 厘米的泡芙球：直立手持挤花袋，以手腕做绕圈动作，挤出一小圈面糊，再将挤花嘴略微抬起，迅速一举抽离 7 。

制作闪电泡芙：

·在烘焙纸上挤出约 10 厘米的长条泡芙面糊 8 。

制作车轮泡芙：

·在烘焙纸上挤出直径约 10 厘米的环形泡芙圈 9 ，并在表面均匀撒上杏仁片 10 。

制作糖粒泡芙：

·在烘焙纸上挤出直径约 3~4 厘米的小泡芙球 11 ，并在表面均匀撒上粗糖粒 12 。

制作圣欧诺黑泡芙蛋糕：

·用慕斯框或倒扣的盘子裁出一片圆形千层派皮 13 （做法请参考本书第 142 页的步骤说明），再沿着边缘往圆心的方向挤上一大圈螺旋形面糊 14 。

·把挤花袋里剩下的面糊全部挤成一颗颗的小泡芙球。

pâte à choux

泡芙面糊（基础配方）

糖粒泡芙

★ ★ ★
50~60 颗
糖粒泡芙

准备时间： 15 分钟 | **烘烤时间：** 25 分钟

食材
· 牛奶 200 毫升
· 白砂糖 1 大匙
· 黄油 175 克
· 盐 ½ 小匙
· 过筛面粉 230 克
· 浓稠法式酸奶油 80 克（或 4 大匙）
· 鸡蛋 6 颗
· 粗糖粒 100 克

· 将 220 毫升的水、牛奶、糖、黄油和盐放入厚底小锅中，开火煮至沸腾，然后一次倒入全部的过筛面粉，一边以文火加热，一边不停搅拌，直到面糊的水分收干结团。

· 将小锅离火，待稍微降温后，加入酸奶油混拌均匀。将鸡蛋分次打入锅内，与面糊用力搅拌均匀后再打入另一颗。

· 烤箱预热至 200℃（刻度 6~7）。在烤盘底部铺上烘焙纸，将面糊填入装有直径 8 毫米圆形或星形挤花嘴的挤花袋。在烘焙纸上挤出直径约 3~4 厘米的泡芙球：以手腕做绕圈动作，挤出一小球面糊，再将挤花嘴略微抬起，迅速一举抽离。

· 在泡芙球表面均匀撒上粗糖粒，送入烤箱烘烤 25 分钟。

建议
· 本食谱除了额外添加浓稠鲜奶油，其余皆与本书第 114 页的制作流程相同。

车轮泡芙

★ ★ ★
8 颗
1 人份泡芙

准备时间： 2 天加起来 30 分钟（不包括制作泡芙面糊）
冷藏时间： 1 晚 ＋ 3 小时 | **烘烤时间：** 30 分钟

食材

泡芙面糊： 牛奶 80 毫升、白砂糖 1 小匙、黄油 120 克、盐 ½ 小匙、过筛面粉 160 克、鸡蛋 3 颗、杏仁片 30 克

焦糖榛果奶油馅： 白砂糖 60 克、蛋黄 3 颗、玉米粉 30 克、牛奶 300 毫升、全脂液态鲜奶油 50 毫升、吉利丁片 3½ 片、热水 3 大匙、焦糖榛果酱 170 克、黄油 140 克（室温回软）

香缇鲜奶油： 全脂液态鲜奶油 200 毫升、糖粉 20 克

前一天，制作焦糖榛果奶油馅：

· 将糖和蛋黄放入盆内搅打，直到颜色变淡白，加入玉米粉继续搅拌。将牛奶和鲜奶油一起加热，然后一边倒入糖蛋盆里一边搅拌。将混匀的奶蛋液倒入小锅中，以中火加热并持续搅拌约 5 分钟，直到奶糊变得相当浓稠。

· 将吉利丁片放入冷水里泡软 10 分钟后沥出，立刻加入 2 大匙热水搅拌溶解。将吉利丁水与奶糊拌匀，再混入焦糖榛果酱，待稍微降温后以手持电动搅拌器拌入黄油，放入冰箱冷藏一整晚。

隔天，制作泡芙面糊：

· 依照本书第 114 页的步骤制作泡芙面糊。

组装：

· 在烘焙纸上挤出 8 个直径约 10 厘米的面糊圈，在表面撒上杏仁片，送入 180℃（刻度 6）的烤箱烘烤 30 分钟。出炉后静置降温，再把每颗泡芙横切成上下两半。用搅拌器将焦糖榛果奶油馅慢慢搅打几分钟，打松之后填入挤花袋，挤些奶油花在下层泡芙做装饰。

· 用搅拌器将冰冷的鲜奶油打发成香缇鲜奶油，一边搅打一边加入糖粉。填入挤花袋，在焦糖榛果奶油花的上方再挤一圈香缇鲜奶油花，盖上上层泡芙，整个放入冰箱冷藏至少 3 小时。

建议

· 制作此款泡芙时，也可以选择不加香缇鲜奶油（见本书第 122 页图片）。

· 本食谱的食材分量可制作 1 颗 8~10 人份的大车轮泡芙。制作大泡芙有两种方法：先在烘焙纸上挤出一个面糊圈，沿着圆圈内侧再挤一圈，然后在两圈相接的沟槽上方再挤上第三圈；或在烘焙纸上挤出 8 个互相接邻的面糊球，使其连成一个圆圈。

Éclairs

闪电泡芙

（草莓或开心果覆盆子口味）

★★★
12 条
闪电泡芙

准备时间：35 分钟（不包括制作泡芙面糊）
烘烤时间：25 分钟 | **冷藏时间**：4 小时

食材

泡芙面糊：牛奶 80 毫升、白砂糖 1 小匙、黄油 120 克、盐 ½ 小匙、过筛面粉 160 克、鸡蛋 3 颗

草莓奶油馅：白砂糖 100 克、蛋黄 5 颗、面粉 20 克、玉米粉 15 克、全脂液态鲜奶油 200 毫升、草莓果泥 290 克、吉利丁片 1 片、热水 2 大匙、天然草莓香精数滴（随个人喜好添加，依不同品牌浓度自行调整用量，微量即可）、黄油 145 克（室温回软）

镜面草莓酱：甜点专用白巧克力 50 克（块状或粗碎粒）、炼乳 1 大匙、黄油 20 克、吉利丁片 1½ 片、热水 2 大匙、白砂糖 35 克＋葡萄糖 35 克（或全部以白砂糖 70 克替代）、红色食用色素粉末 1 刀尖量

水果填馅：新鲜草莓 400 克

制作草莓奶油馅：

·将糖和蛋黄放入盆内搅打，直到颜色变淡白，加入面粉和玉米粉继续拌匀。将鲜奶油和草莓果泥一起加热，然后一边倒入糖蛋盆里一边搅拌。将混匀的奶蛋液倒入小锅中，以中火加热并持续搅拌约 5 分钟，直到奶糊变得相当浓稠。

·将吉利丁片放入冷水里泡软 10 分钟后沥出，加入 2 大匙热水搅拌溶解。将吉利丁水与奶糊拌匀，再混入草莓香精，待稍微降温后以手持电动搅拌器拌入黄油，放入冰箱冷藏至少 3 小时。

clairs à la fraise ou pistache-framboises

闪电泡芙（草莓或开心果覆盆子口味）

制作泡芙面糊：

· 依照本书第 114 页的步骤制作泡芙面糊，
送入烤箱烘烤 25 分钟。

制作镜面草莓酱：

· 将白巧克力、炼乳和奶油放入沙拉碗中。
将吉利丁片放入冷水里泡软，10 分钟后沥
出，加入 2 大匙热水搅拌溶解。将砂糖、葡
萄糖和食用色素事先混合，与 1 大匙水一起
加入小锅中煮沸，继续加热至 110℃即可离
火。倒入吉利丁水，混合均匀后全部倒进
沙拉碗中，继续搅拌直到红色糖浆质地光
滑如缎。

· 手持泡芙，使其垂直竖立在装有草莓酱的
沙拉碗正上方，利用小刮刀将草莓酱大量浇
淋在泡芙表面，并用手指将溢流而下的草莓
酱截断。将泡芙平放在托盘上，放入冰箱冷
藏至少 1 小时，能使镜面效果更明显。

组装：

· 将草莓洗净后用厨房纸巾吸干水分。

· 将闪电泡芙横切成上下两半。将草莓奶
油馅填入装有 8 毫米星形挤花嘴的挤花袋，
挤些奶油花在下层泡芙做装饰。将草莓去
蒂，切成片状，铺排在奶油馅上，在上层盖
上泡芙，放入冰箱冷藏，食用前再取出。

变化版

· 将闪电泡芙横切成上下两半，在切面抹上一些覆盆
子果泥，挤上开心果卡士达酱（请参考本书第 202 页
的食谱），最后摆上数颗覆盆子做装饰。

修女泡芙

（百香果口味）

★★★
12 颗
修女泡芙

准备时间: 35分钟(不包括制作泡芙面糊)

烘烤时间: 25分钟 | **冷藏时间:** 1 小时

食材

泡芙面糊: 牛奶 80 毫升、白砂糖 1 小匙、黄油 120 克、盐 ½ 小匙、过筛面粉 160 克、鸡蛋 3 颗

百香果奶油馅: 白砂糖 55 克、蛋黄 2 颗、玉米粉 30 克、牛奶 300 毫升、百香果泥 275 克 (或百香果 12~14 颗榨汁)、黄油 30 克

镜面装饰: 全脂液态鲜奶油 80 毫升、白砂糖 90 克、甜点专用白巧克力 40 克 (块状或粗碎粒)、吉利丁片 1½ 片、热水 2 大匙、橙色食用色素粉末 1 刀尖量

制作百香果奶油馅:

· 将糖和蛋黄放入盆内搅打，直到颜色变淡白，加入玉米粉继续拌匀。将牛奶和百香果泥一起加热，然后一边倒入糖蛋盆里一边搅拌。将混匀的奶蛋液倒回小锅中，以中火加热并持续搅拌约 5 分钟，直到奶糊变得相当浓稠。最后拌入黄油，放入冰箱冷藏备用。

制作泡芙面糊:

· 依照本书第 114 页的步骤制作泡芙面糊。
· 在两个烤盘上铺烘焙纸，分别挤上 12 个直径 6~7 厘米和 12 个直径 3~4 厘米的奶油球，同时送入预热至 180℃（刻度 6）的烤箱，15 分钟一到先取出小泡芙烤盘，让大泡芙烤盘再烤 10 分钟。将百香果奶油馅填入装有戳入式挤花嘴的挤花袋，戳入泡芙底部中央，挤些奶油馅进去。

制作镜面装饰:

· 将 5 大匙水、鲜奶油和糖一起加热，倒入装了白巧克力的搅拌盆内，静置几分钟后再开始搅拌，直到变成质地光滑的巧克力酱。将吉利丁片放入冷水里泡软 10 分钟后沥出，立刻加入 2 大匙热水搅拌溶解，再倒入巧克力酱中。加入食用色素，以手持电动搅拌器混拌均匀，静置降温。

· 手持大颗泡芙，使其垂直竖立在装有巧克力酱的搅拌盆正上方，一边转动泡芙，一边用小刮刀将巧克力酱大量浇淋在泡芙表面，并用手指将溢流而下的巧克力酱截断，然后平放在托盘上；用同样的方法将小颗泡芙裹上巧克力酱，然后分别粘在大泡芙上，放入冰箱冷藏至少 1 小时，能使镜面效果更明显。

建议

· 传统的修女泡芙会在表面装饰点状奶油馅（可参考本书第 162 页咖啡奶油馅做法，但省略其中的咖啡成分），或在顶端放一小撮百香果肉做装饰。

Éclairs

闪电泡芙

（巧克力或咖啡口味）

★★★
12 条
闪电泡芙

准备时间：35 分钟（不包括制作泡芙面糊）

烘烤时间：25 分钟 | **冷藏时间**：4 小时

食材

泡芙面糊：牛奶 80 毫升、白砂糖 1 小匙、黄油 120 克、盐 ½ 小匙、过筛面粉 160 克、鸡蛋 3 颗

巧克力奶油馅：白砂糖 65 克、蛋黄 3 颗、玉米粉 1 大匙、牛奶 250 毫升、全脂液态鲜奶油 150 毫升、甜点专用黑巧克力 160 克（块状或粗碎粒）

咖啡奶油馅：白砂糖 65 克、蛋黄 3 颗、玉米粉 1 大匙、牛奶 250 毫升、全脂液态鲜奶油 150 毫升、咖啡酱 2 克、吉利丁片 1 片、热水 1 大匙、黄油 110 克（室温回软）

镜面巧克力：甜点专用黑巧克力 50 克（块状或粗碎粒）、炼乳 1 大匙、黄油 20 克、吉利丁片 1½ 片、热水 2 大匙、白砂糖 35 克＋葡萄糖 35 克（或全部以白砂糖 70 克替代）

镜面咖啡酱：以甜点专用白巧克力 50 克（块状或粗碎粒）＋ 咖啡萃取液 1 小匙来取代上列食材中的黑巧克力，其余不变

制作泡芙面糊：

· 依照本书第 114 页的步骤制作泡芙面糊，送入烤箱烘烤 25 分钟。

制作巧克力奶油馅：

· 将糖和蛋黄放入盆内搅打，直到颜色变淡白，加入玉米粉继续拌匀。将牛奶和鲜奶油一起加热，然后一边倒入糖蛋盆里一边搅拌。将混匀的奶蛋液倒回小锅中，以中火加热并持续搅拌约 5 分钟，直到奶糊变得相当浓稠。加入黑巧克力，待稍微降温后以手持电动搅拌器拌匀，放入冰箱冷藏至少 3 小时。

Éclairs au café ou au chocolat

闪电泡芙（巧克力或咖啡口味）

制作咖啡奶油馅：

·制作流程同前页的巧克力奶油馅，但以吉利丁取代黑巧克力。将吉利丁片放入冷水里泡软 10 分钟后沥出，加入 1 大匙热水搅拌溶解，再与温热的奶糊及咖啡酱混拌均匀，待稍微降温后以手持电动搅拌器拌入黄油，放入冰箱冷藏至少 3 小时。

填装馅料：

·选择一种口味的奶油馅，填入装有戳入式挤花嘴的挤花袋，在闪电泡芙底部戳出两个小孔，挤入奶油馅。

制作镜面装饰：

·将巧克力、炼乳、咖啡萃取液（若你的泡芙是咖啡口味）和黄油放入沙拉碗中。将吉利丁片放入冷水里泡软 10 分钟后沥出，加入 2 大匙热水搅拌溶解。将 1 大匙水、砂糖和葡萄糖放入小锅中，煮沸后继续加温至 110℃即可离火。倒入吉利丁水混合均匀，接着全部倒入沙拉碗里继续搅拌，直到镜面酱的质地光滑细致。

·手持装有内馅的泡芙，使其垂直竖立在装有镜面酱的搅拌盆正上方，利用小刮刀将镜面酱大量浇淋在泡芙表面，并用手指将溢流而下的镜面酱截断。将泡芙平放在托盘上，放入冰箱冷藏至少 1 小时，能使镜面效果更明显。

建议

·咖啡酱可用 15 克的即溶咖啡粉混合 1 小匙白砂糖和 1 小匙沸水来取代。

·咖啡萃取液可用等比的咖啡粉和水混合来取代。

圣欧诺黑泡芙蛋糕

★ ★ ★

6~8 人份

准备时间：35 分钟（不包括制作泡芙面糊）

烘烤时间：35 分钟

食材

底座派皮： 圆形千层派皮 300 克（自制的纯奶油派皮或市售冷冻派皮皆可）

泡芙面糊： 牛奶 80 毫升、白砂糖 1 小匙、黄油 120 克、盐 ½ 小匙、过筛面粉 160 克、鸡蛋 3 颗

卡士达酱： 白砂糖 75 克、蛋黄 2 颗、玉米粉 30 克、牛奶 300 毫升、香草豆荚 1 个、黄油 45 克

焦糖： 白砂糖 150 克

香缇鲜奶油： 全脂液态鲜奶油 200 毫升、糖粉 20 克、香草豆荚 ½ 个

制作卡士达酱：

· 依照本书第 146 页的步骤制作卡士达酱。

制作泡芙面糊：

· 依照本书第 114 页的步骤制作泡芙面糊。

· 将摊开的千层派皮擀成 3 毫米的厚薄度，裁出直径 22 厘米的圆形，放在事先铺好烘焙纸的烤盘上。将烤箱预热至 180℃（刻度 6）。沿着边缘往圆心的方向，在派皮上挤出一大圈螺旋形面糊。

· 在另一烤盘上铺烘焙纸，将剩下的面糊挤成 3~4 厘米的小奶油球（约 20 颗）。将两盘泡芙同时送入烤箱烘烤 35 分钟，15 分钟一到先取出小泡芙烤盘。（准备完成的蛋糕"零件"与所需器材 1 。）

· 使用 6 毫米的圆形挤花嘴，在所有小泡芙底部戳洞 2 。然后将卡士达酱填入装上挤花嘴的挤花袋，从小洞挤入泡芙内 3 。

熬制焦糖：

· 将 50 毫升的水和糖放入小锅中，以大火加热 4 ，一边稳定而快速地搅拌，直到糖浆呈现透亮的棕红色，将小锅离火浸泡至一盆冷水中，使糖浆停止继续加热 5 。

· 将小泡芙正面朝下，在锅里蘸一些焦糖，拿起后依旧正面朝下置于烘焙纸上 6 。

· 将放凉的小泡芙球的底部蘸一些焦糖，一颗颗粘在烤好的派皮上 7 - 9 。

打发香缇鲜奶油：

· 将冰冷的鲜奶油、糖粉和从豆荚刮下来的香草籽放入盆内，打发拌匀 10 。

· 将打好的鲜奶油填入装有大挤花嘴的挤花袋（最好使用圣欧诺黑专用挤花嘴），以人字形挤花法将蛋糕中央填满 11 。

· 在鲜奶油表面摆上几颗小泡芙做装饰。

建议

· 自制千层派皮，请参考本书第 142 页的步骤说明。

Saint-honoré

圣欧诺黑泡芙蛋糕

Les incontournables

隽永美味

千层派皮面团

（翻折三回）

★★★
1.2公斤
派皮

准备时间：30分钟 | **冷藏时间：**6小时

食材

面粉530克、盐2小平匙、黄油50克（室温回软）＋380克（冷藏）

· 备齐所需食材与器具 ① 。

· 将面粉、盐和室温回软的黄油放入搅拌盆内，加入200毫升的水 ② － ⑤ 。

· 以低速搅打至均匀混合成团 ⑥ （也可以手动搅拌）。

· 将面团滚圆，放入冰箱冷藏2小时 ⑦ 。

· 从冰箱取出冷藏黄油，放在两张烘焙纸中间，擀成边长约22厘米的正方形 ⑧ － ⑨ 。

· 在工作台上撒些面粉＊，然后将面团擀成约50厘米×25厘米的长方形面皮 ⑩ 。

· 将正方形黄油片平放在面皮上半部 ⑪ ，再将面皮下半部往上翻折 ⑫ 。

· 将正方形面皮的三边开口紧紧掐压捏合 ⑬ ，然后整个往右转90度，用擀面棍上下来回擀成原来的三倍长 ⑭ 。

· 将面皮分为三部分，从下往上翻折，使最下面与中间部分重叠 ⑮ 。

· 再从上往下翻折，使最上面与中间部分重叠 ⑯ 。

· 将叠好的面皮对折 ⑰ 。

· 将折好的面皮包覆保鲜膜。

· 用手指按压做记号，代表已完成第一回翻折 ⑱ 。将面皮放入冰箱冷藏2小时。

· 重复 ⑭ － ⑰ 的步骤，按压两个指印做记号（第二回翻折）。将面皮放入冰箱冷藏2小时。

· 再重复一次 ⑭ － ⑰ 的步骤（第三回翻折）即完成千层派皮，接着依照不同食谱的需求擀压与裁切，或继续存放冰箱内冷藏（可保存4~5天）。

建议

· 可依照需求，将制作完成的千层派皮分切成3等份（每份各400克）或4等份（每份各300克），分装放入冰箱冷冻保存，使用前24小时移至冷藏室解冻即可。

＊注：步骤中所有撒在模具或工作台表面防止沾黏的面粉皆需另外准备。

Pâte feuilletée

千层派皮面团

Cake

卡士达酱

（基础配方）

★★★
1 升
卡士达酱

准备时间： 5 分钟 | **熬煮时间：** 45 分钟

食材

· 蛋黄 4 颗
· 白砂糖 150 克
· 玉米粉 60 克
· 全脂牛奶 600 毫升（建议用鲜奶）

· 备齐所需食材 ①。
· 将糖和蛋黄放入盆内搅打均匀，直到颜色变淡白 ② - ④。
· 加入玉米粉，继续搅拌 ⑤ - ⑥。
· 将牛奶加热，一边倒入糖蛋盆内，一边搅拌 ⑦ - ⑧。
· 将混合均匀的奶蛋液倒回小锅中，以中火加热并持续搅拌约 5 分钟，直到奶糊变得相当浓稠 ⑨ - ⑪。
· 将煮好的卡士达酱倒入干净的盆内，放凉备用 ⑫。

变化版

· 添加吉利丁的卡士达酱：（依照各食谱的用量指示）将吉利丁片放入冷水里泡软 10 分钟后沥出，加入热水搅拌溶解，再倒入盆内与卡士达酱拌匀，静置放凉。
· 奶油卡士达酱：将 90 克的冰黄油切成小块，每次加 2~3 块至卡士达酱盆内，以手持电动搅拌器打匀，放入冰箱冷藏。
· 卡士达酱可依照不同食谱制作成不同口味的奶油馅。香草口味是经典基本款，可使用香草粉（与玉米粉一起拌入）或香草豆荚（沿着豆荚长边剖开，用刀尖刮取香草籽，一起泡入热牛奶中）。

1

2

3

Créme pâtissiére

卡仕达酱（基础配方）

法式千层派

★ ★ ★

6~8 人份

准备时间： 25 分钟（不包括制作千层派皮）

冷藏时间： 2 小时 | **烘烤时间：** 35 分钟

食材

派皮： 千层派皮 400 克（自制的纯奶油派皮或市售冷冻派皮皆可）、糖粉 50 克

香草卡士达鲜奶油馅： 白砂糖 75 克、蛋黄 2 颗、玉米粉 30 克、牛奶 300 毫升、香草豆荚 1 个、吉利丁片 4 片、热水 2 大匙、黄油 45 克、全脂液态鲜奶油 150 毫升

表面装饰： 糖粉 25 克

制作香草卡士达鲜奶油馅：

· 将糖和蛋黄放入大碗内搅打，直到颜色变为淡白，加入玉米粉拌匀。从剖开的香草豆荚刮下香草籽，连同豆荚一起放入牛奶中加热，然后一边搅拌一边慢慢倒入糖蛋盆内。将混合均匀的奶蛋液倒入小锅中，以中火加热并持续搅拌约 5 分钟，直到奶糊变浓稠，最后取出香草豆荚。

· 将吉利丁片放入冷水里泡软 10 分钟后沥出，加入 2 大匙热水搅拌溶解，再倒入大碗内与奶糊拌匀，待静置降温后以手持电动搅拌器拌入黄油，放入冰箱冷藏。

· 将鲜奶油打发，用硅胶刮刀与奶油馅混拌均匀 ① - ③，放入冰箱冷藏至少 2 小时。

烘烤千层派皮：

· 烤箱预热至 180℃（刻度 6）。在工作台上铺一张烘焙纸，将千层派皮擀出 3 毫米的厚度，裁出与烤盘大小一致的长方形，连同底下的烘焙纸一起移入烤盘中。在派皮上方铺上另一张烘焙纸，放上另一个平板烤盘（避免派皮在烘烤过程中膨胀隆起），送入烤箱烘烤 30 分钟，出炉后静置放凉。

· 依照你的烤盘大小，将烤好的千层派皮裁切出三个大小一致的正方形、长方形或圆形（可用卡纸裁出一个样板当参考）。用筛网将其中一片撒上糖粉 ④，再次送入 240℃（刻度 8）的烤箱烘烤上色约 5 分钟，全程盯紧，当心不要烤焦。

miuefeuille

法式千层派

组装：

· 将制作完成的各个蛋糕"零件"备齐 5 。

· 将奶油馅填入装有大号星形挤花嘴的挤花袋 6 。

· 在砧板上先铺一片千层派皮（将上色的派皮留到最后），在上头挤满花瓣状奶油馅 7 - 8 。

· 铺上第二片派皮 9 ，继续挤满奶油馅 10 。

· 在最上层铺上特别烘烤上色的派皮 11 。

· 挤一朵奶油馅，另裁剪纸片覆盖在派皮上，然后撒上糖粉以制造图案。

· 小心地移开纸片 12 。

建议

· 制作 1 人份的法式千层派，只要将千层派饼皮裁成 8 厘米 ×4 厘米的长方形，按照同样的方式组装即可。

· 自制千层派皮，请参考本书第 142 页的步骤说明。

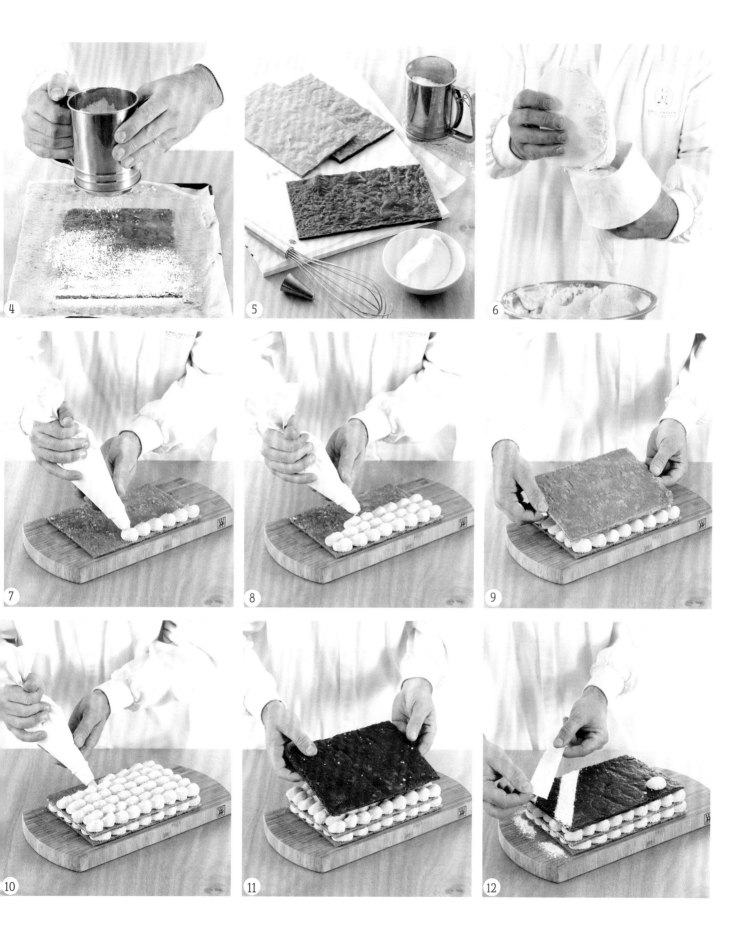

Millefeuille aux fruits rouges
法式莓果千层派

6~8 人份

准备时间：25 分钟（不包括制作千层派皮）
烘烤时间：35 分钟

· 依照本书第 150 页的步骤制作奶油馅及烘烤派皮。

· 将所需的各个蛋糕"零件"备齐 1。

· 在组装过程中 2 – 8，将 500 克的新鲜草莓摘除蒂叶并切半（也可选用覆盆子、桑葚或综合浆果），在奶油馅外围摆上一圈漂亮的草莓，卖相较差的排在中间，上头再挤一层奶油馅。

焦糖榛果巧克力蛋糕

★ ★ ★

6~8 人份

准备时间：60 分钟 | 冷藏时间：2 小时 + 1 晚
烘烤时间：12 分钟 | 冷冻时间：30 分钟

器材
边长 16 厘米的正方形或长方形蛋糕框 1 个

食材
焦糖榛果甘纳许：吉利丁片 1 片、热水 1 大匙、全脂液态鲜奶油 200 毫升、甜点专用白巧克力 50 克、焦糖榛果酱 60 克

达克瓦兹蛋糕片（榛果薄片蛋糕）：蛋白 5 颗、白砂糖 100 克、糖粉 55 克、面粉 30 克、榛果粉 100 克、榛果仁 100 克（粗碎粒）

巧克力甘纳许：甜点专用黑巧克力 115 克、全脂液态鲜奶油 120 毫升、白砂糖 40 克、黄油 20 克

前一天，制作焦糖榛果甘纳许：
·将鲜奶油倒进小锅中煮沸 ①。将吉利丁片放入冷水里泡软 10 分钟后沥出，加入 1 大匙热水搅拌溶解，再与滚烫的鲜奶油混合拌匀。将巧克力和焦糖榛果酱一起放入沙拉碗里 ②，倒入热鲜奶油，以手持电动搅拌器搅打均匀 ③，放入冰箱冷藏至少 2 小时。

制作达克瓦兹蛋糕片（榛果薄片蛋糕）：
·烤箱预热至 180℃（刻度 6）。用电动搅拌机打发蛋白，在不停机的状态下一点一点倒入砂糖，搅打到蛋白霜的质地如丝绸般柔滑 ④。
·将糖粉、面粉和榛果粉放入盆内混拌均匀 ⑤ – ⑥。

·将混合粉料和蛋白霜放入另一个更大的搅拌盆内混拌均匀 ⑦ – ⑧。
·在铺了烘焙纸的浅烤盘上将面糊均匀抹开 ⑨，在一半的表面均匀撒上榛果碎粒 ⑩，送入烤箱烘烤 12 分钟。
·出炉后静置放凉，再将烘焙纸移除。

制作巧克力甘纳许：
·将鲜奶油与糖放入小锅中煮沸，然后倒入装了巧克力的沙拉碗中 ⑪。
·将两者搅拌均匀 ⑫。
·以手持电动搅拌器拌入黄油，搅打至均匀混合 ⑬ – ⑭。

Succès

焦糖榛果巧克力蛋糕

组装：

· 从冰箱取出焦糖榛果甘纳许，用机器搅拌一下 15，填入装有大号圆形挤花嘴的挤花袋。

· 依照你的烤盘形状与大小，用蛋糕框将达克瓦兹蛋糕片裁切成 3 片大小一致的长方形或正方形（有榛果碎粒的那一片留作顶层）16 – 17。

· 有必要的话，剩下的蛋糕切边也可以拿来拼组中间夹层。

· 将蛋糕框放在盘子中央，在其底部铺上第一层蛋糕片，倒入一半分量的巧克力甘纳许 18，放入冰箱冷冻 15 分钟。

· 利用挤花袋，将一半分量的焦糖榛果甘纳许均匀填满蛋糕表面 19，用抹刀使其光滑平整。

· 铺上第二层蛋糕片，倒入剩余的巧克力甘纳许 20，放入冰箱冷冻 15 分钟。

· 填入剩余的焦糖榛果甘纳许，将表面抹平 21。最后铺上有榛果碎粒的蛋糕片 22，放入冰箱冷藏一整晚。

隔天：

· 上桌食用前移除蛋糕框 23 – 24。

Succés

焦糖榛果巧克力蛋糕

欧培拉蛋糕

★ ★ ★

6~8 人份

准备时间：1 小时 10 分钟 | 冷藏时间：2 小时 ＋ 1 晚 | 烘烤时间：10 分钟

器材
直径 18~20 厘米的慕斯圈 1 个

食材

咖啡糖浆：白砂糖 100 克、咖啡萃取液 ½ 小匙、即溶咖啡粉 1 小匙

薄片海绵蛋糕：蛋白 3 颗、白砂糖 100 克、蛋黄 5 颗、过筛面粉 45 克

意式蛋白霜：白砂糖 60 克、蛋白 1 颗

咖啡奶油馅：牛奶 50 毫升、咖啡豆 1 小匙（粗碎粒）、蛋黄 1 颗、即溶咖啡粉 1 小匙、白砂糖 20 克、黄油 160 克

巧克力甘纳许：纯度 62% 的黑巧克力 215 克、全脂液态鲜奶油 250 毫升、白砂糖 50 克、黄油 95 克

镜面巧克力：纯度 62% 的黑巧克力 75 克、黄油 25 克

装饰：食用金箔、沾裹巧克力的咖啡豆

前一天，制作咖啡糖浆：
· 将 100 毫升的水和糖加入小锅中煮沸，再加入咖啡萃取液和即溶咖啡粉拌匀。

制作薄片海绵蛋糕：
· 用电动搅拌机打发蛋白，同时缓缓倒入砂糖，在不停机的状态下，将蛋黄一颗颗打入盆内，最后加入过筛面粉，均匀混拌成面糊（可参考本书第 176 页手指饼干的步骤图解）。
· 在铺了烘焙纸的浅烤盘上将面糊均匀抹开，送入预热至 180℃（刻度 6）的烤箱烘烤 10 分钟。

制作意式蛋白霜：
· 将 1 大匙水和糖加入厚底小锅中煮沸至

121℃，熬成糖浆 ① 。（如果你没有甜点专用温度计，将一小滴滚烫的糖浆滴入冷水中，应可用手指掐捏成软颗粒状。）
· 用电动搅拌机中速打发蛋白，在不停机的状态下一点一点倒入滚烫的糖浆，直到蛋白霜质地如丝绸般柔滑 ② - ③ 。
· 将目前完成的蛋糕"零件"置旁备用 ④ 。

制作咖啡奶油馅：
· 将牛奶放入小锅中煮沸，放入咖啡豆浸泡其中 ⑤ ，静置放凉后滤掉咖啡豆 ⑥ 。
· 将蛋黄、即溶咖啡粉和糖放入盆内搅打，然后倒入重新热过的咖啡牛奶拌匀 ⑦ 。
· 将混匀的奶蛋液倒回小锅中，以小火加热直到奶糊可以裹住搅拌匙，稍微放凉 ⑧ 。

Opéra

欧培拉蛋糕

· 用电动搅拌机打散黄油，在不停机的状态下一点一点倒入奶糊拌匀 9 。将奶糊与意式蛋白霜均匀混合 10 。

制作巧克力甘纳许：
· 将糖与鲜奶油放入小锅中煮沸，倒入装了巧克力的沙拉碗中拌匀，再以手持电动搅拌器拌入黄油，搅打至均匀混合（可参考本书第 156 页巧克力甘纳许的步骤说明）。

组装：
· 依照烤盘的形状与大小，用慕斯圈压切出 3 个同样大小的圆形、正方形或长方形薄片海绵蛋糕 11 。有必要的话，剩下的蛋糕切边也可以拿来拼组中间夹层。
· 将慕斯圈放在盘子中央，在其底部铺上第一层海绵蛋糕，然后在表面刷涂咖啡糖浆 12 。
· 倒入一半分量的巧克力甘纳许 13 ，将表面涂抹均匀，然后铺上第二层海绵蛋糕 14 ，并再次刷涂咖啡糖浆。
· 在表面填上一层奶油馅，并将其抹平 15 。
· 放上最后一层海绵蛋糕，并且第三次刷涂咖啡糖浆。把剩下的巧克力甘纳许均匀涂抹在蛋糕表面并整平 16 － 18 ，放入冰箱冷藏至少 2 小时。
· 将巧克力与黄油一起加热熔化，浇淋在蛋糕表面做镜面装饰。
· 放入冰箱冷藏一整晚，隔天食用前再移除慕斯圈。

建议
· 节庆聚餐时，可用金箔装饰蛋糕表面以增添喜气：用刀尖小心挑起金箔碎片，沾黏在蛋糕表面 19 。室内若有风会把金箔像羽毛一样吹走，请务必注意；你也可以用巧克力咖啡豆做装饰 20 。两者皆可上网或至烘焙材料行购买。
· 若想在蛋糕表面呈现专业的镜面效果，可参考本书第 174 页的做法。

1

2

3

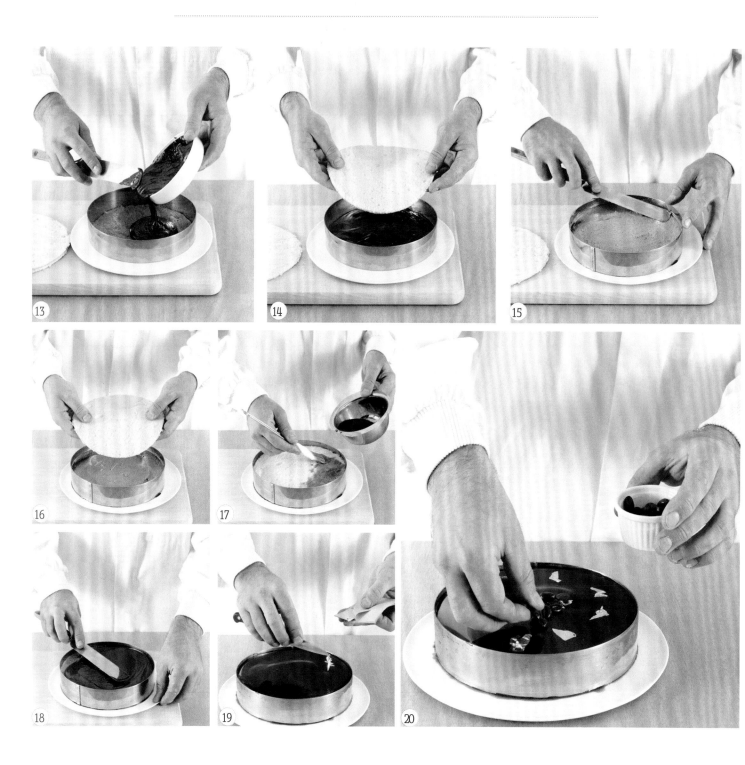

费雪草莓蛋糕

★ ★ ★

6·8 人份

准备时间：1 小时 5 分钟 | 烘烤时间：10 分钟
冷藏时间：1 晚

器材
直径 20 厘米的慕斯圈 1 个

食材

卡士达酱
· 白砂糖 115 克
· 蛋黄 3 颗
· 玉米粉 45 克
· 全脂牛奶 450 毫升（建议用鲜奶）
· 黄油 150 克（室温回软）

薄片海绵蛋糕
· 蛋黄 7 颗
· 白砂糖 180 克
· 蛋白 4 颗
· 过筛面粉 65 克

水果填馅
· 新鲜草莓 500 克

前一天，制作卡士达酱：

· 将糖和蛋黄放入盆内搅打，直到颜色变淡白，加入玉米粉，一边搅拌一边慢慢倒入加热的牛奶。将混匀的奶蛋液倒回热牛奶的小锅，以中火加热并持续搅拌约 5 分钟，直到奶糊变得浓稠，稍微放凉再放入冰箱冷藏。

· 组装前从冰箱拿出卡士达酱。用电动搅拌机将黄油打散拌软 ① – ②，然后加入卡士达酱混拌均匀，装进沙拉碗中 ③。

制作薄片海绵蛋糕：

· 烤箱预热至 180℃（刻度 6）。将蛋黄和 ⅓ 分量的糖放入大碗内搅打均匀。用电动搅拌机打发蛋白，同时缓缓倒入剩余的糖。将打发的蛋白与刚拌好的蛋黄轻轻混合拌匀，最后再加入过筛面粉。在铺了烘焙纸的浅烤盘上将面糊均匀抹开，送入烤箱烘烤10 分钟。

1

2

3

Fraisier

费雪草莓蛋糕

***

组装：

· 用慕斯圈压切出两个同样大小的圆形薄片海绵蛋糕。

· 将草莓迅速冲洗干净，用厨房纸巾吸干水分，但先不要去除蒂叶 4 。

· 将慕斯圈放在盘子中央，在其底部铺上第一层海绵蛋糕 5 。整齐利落地将草莓去蒂切半，然后将草莓切面朝向慕斯圈，沿着边框逐一紧贴并排 6 。

· 先取一些卡士达酱覆盖草莓及蛋糕表面 7 。

· 在卡士达酱上方塞入约 12 颗漂亮完整的草莓，接着拿比较不漂亮的草莓把空隙填满 8 。

· 抹上满满的卡士达酱，盖住草莓 9 。

· 放上第二层海绵蛋糕 。

· 在蛋糕表面涂抹少许卡士达酱并整平 11 。

· 摆上预先留下来做表面装饰的漂亮草莓 12 。将剩下的卡士达酱填入装有 8 毫米挤花嘴的挤花袋，然后在草莓之间的空隙挤满点状奶油花 13 – 14 。

· 放入冰箱冷藏一整晚，隔天食用前再去除慕斯圈。

建议

· 制作卡士达酱，请参考本书第 146 页的步骤说明。

4

5

6

全巧克力蛋糕

★★★

6~8 人份

准备时间：1 小时 10 分钟 | 冷藏时间：2 小时 ＋ 1 晚
烘烤时间：22 分钟

器材
边长 15 厘米的正方形蛋糕框或直径 18 厘米的慕斯圈 1 个

食材
可可油酥面团： 面粉 40 克、可可粉 1 小匙、杏仁粉 25 克、榛果粉 25 克、黄油 50 克、黄砂糖 50 克

巧克力奶油馅： 白砂糖 25 克、蛋黄 2 颗、牛奶 100 毫升、全脂液态鲜奶油 200 毫升、甜点专用黑巧克力 130 克（块状）

巧克力薄片海绵蛋糕： 甜点专用黑巧克力 50 克（块状）、黄油 50 克（室温回软）、面粉 20 克、玉米粉 1 大平匙、蛋白 2 颗、白砂糖 50 克

巧克力慕斯： 吉利丁片 1 片、蛋黄 3 颗、牛奶 60 毫升、全脂液态鲜奶油 60 毫升、热水 1 大匙、甜点专用黑巧克力 120 克、蛋白 1 颗、白砂糖 60 克、全脂液态鲜奶油 100 毫升（打发用）

镜面巧克力： 吉利丁片 1½ 片、热水 1 大匙、全脂液态鲜奶油 3 大匙、白砂糖 55 克、可可粉 1 大匙

表面装饰： 巧克力条

前一天，制作可可油酥面团：
·将面粉、可可粉、杏仁粉和榛果粉加入沙拉碗内混匀。将黄油和黄砂糖放入搅拌盆内混合揉压，再加入混合粉料继续揉压成团，放入冰箱冷藏至少 1 小时。
·烤箱预热至 150℃（刻度 5）。在铺了烘焙纸的烤盘上将面团擀成厚度 3~4 毫米的面皮（面积比蛋糕框或慕斯圈稍大），送入烤箱烘烤 12 分钟。出炉后静置降温，然后用模具压切出形状。

制作巧克力奶油馅：
·将白砂糖和蛋黄放入大碗内搅打均匀，一边倒入混合加热的牛奶和鲜奶油，一边不停搅拌。将混匀的奶蛋液倒回小锅中，以小火加热并持续搅拌约 5 分钟，直到奶糊可以裹住搅拌匙的状态为止。倒入装了黑巧克力块的沙拉碗中，趁热搅拌至巧克力熔化混匀且质地柔滑，待稍微降温后以手持电动搅拌器稍微搅打，静置放凉。

全巧克力蛋糕

制作巧克力薄片海绵蛋糕：

·用微波炉或隔水加热，熔化并混合黑巧克力与黄油。将面粉和玉米粉过筛备用。烤箱预热至 190℃（刻度 6~7）。用电动搅拌机打发蛋白，在不停机的状态下分次倒入砂糖一起搅打。用硅胶刮刀将过筛的粉料与熔化的巧克力黄油充分混合，再与打发的蛋白轻轻混合拌匀。在铺了烘焙纸的浅烤盘上放上蛋糕框或慕斯圈，倒入面糊，送入烤箱烘烤 10 分钟，静置放凉后再脱模。

制作巧克力慕斯：

·将吉利丁片放入冷水里泡软 10 分钟。将蛋黄放入盆内轻轻打散，然后一边搅拌，一边加入混合加热的牛奶和鲜奶油。将混匀的奶蛋液倒回小锅中，以小火加热并轻轻搅拌约 5 分钟，直到奶糊可以裹住搅拌匙的状态。沥出软化的吉利丁，加入 1 大匙热水搅拌溶解，再倒入奶糊中混拌均匀。最后全部倒入放了黑巧克力块的沙拉碗中，不停搅拌直到巧克力奶糊呈现光滑细致的质地，静置放凉。

·将蛋白和糖放入搅拌盆内，一边隔水加热，一边将其打发成蛋白霜。将鲜奶油打发，再与蛋白霜及巧克力奶糊混拌均匀，即为巧克力慕斯。

组装：

·将蛋糕框或慕斯圈放在盘子中央，先放入薄片海绵蛋糕，抹上一层薄薄的巧克力慕斯，再盖上可可油酥皮。在酥皮上涂抹一层巧克力奶油馅，最后将剩下的巧克力慕斯涂满蛋糕表层，放入冰箱冷藏至少 2 小时。

制作镜面巧克力：

·将吉利丁片放入冷水里泡软 10 分钟后沥出，立刻加入 1 大匙热水搅拌溶解。将 1 大匙水、鲜奶油和糖混合加热，再加入吉利丁水及可可粉，以手持电动搅拌器搅打均匀，静置降温后填满蛋糕表面。

·放入冰箱冷藏一整晚，隔天食用前移除蛋糕框，并依喜好在蛋糕表面装饰巧克力。

Charlotte aux framboises

夏洛特覆盆子蛋糕

★★★

6~8 人份

准备时间：45分钟 | **烘烤时间**：9分钟
冷藏时间：1晚

器材

直径18~20厘米的慕斯圈1个

食材

手指饼干

· 面粉 130 克
· 蛋白 3 颗
· 白砂糖 115 克
· 蛋黄 7 颗
· 糖粉 50 克

覆盆子慕斯

· 吉利丁片 3 片
· 热水 1 大匙
· 覆盆子果泥 300 克
· 柠檬汁 1½ 大匙
· 全脂液态鲜奶油 300 毫升

意式蛋白霜

· 白砂糖 130 克
· 蛋白 2 颗

表面装饰

· 新鲜覆盆子 2 盒
· 糖粉 25 克

前一天，制作手指饼干：

· 将面粉过筛 。

· 以电动搅拌机打发蛋白，在不停机的状态下一点一点倒入砂糖 ②。

· 一边缓缓搅动，一边加入蛋黄 ③。

· 将打发的蛋液倒入另一沙拉碗中，与过筛面粉混拌均匀 ④ - ⑤，填入装有8毫米圆形挤花嘴的挤花袋。

· 用铅笔和尺在烘焙纸上画出长65厘米的两条平行直线，两线距离7厘米 ⑥。

· 将烘焙纸铺在烤盘上，在两条直线间挤出一条条相互接邻的短棒面糊 ⑦，使之形成带状。在面糊表面筛上糖粉，15分钟后再筛第二次 ⑧。

· 用铅笔在烘焙纸上画出两个圆，直径比待会儿用来组装蛋糕的慕斯框小2厘米 ⑨。

· 以螺旋画圆的方式在两个圆形内挤满面糊 ⑩，然后同样在表面筛上糖粉，15分钟后再筛第二次 ⑪。

· 烤箱预热至180℃（刻度6），将烤盘送入烤箱烘烤9分钟。

Charlotte aux framboises

夏洛特覆盆子蛋糕

制作覆盆子慕斯：

· 将吉利丁片放入冷水里泡软 10 分钟后沥出，立刻加入 1 大匙热水搅拌溶解。

· 将覆盆子果泥放入小锅中加热，与吉利丁水混合均匀，再加入柠檬汁 12 － 14 。

· 将鲜奶油打发，然后与覆盆子果泥拌匀，即为覆盆子慕斯 15 。

制作意式蛋白霜：

· 将 1 大匙水和糖放入厚底小锅中煮沸至 121℃，熬成糖浆。

（如果你没有甜点专用温度计，将一小滴滚烫的糖浆滴入冷水中，应可用手指掐捏成软颗粒状。）

· 用电动搅拌机中速打发蛋白，在不停机的状态下一点一点倒入滚烫的糖浆，直到蛋白霜质地如丝绸般柔滑（可参考本书第 162 页意式蛋白霜的步骤说明）。

· 将意式蛋白霜与覆盆子慕斯混拌均匀 16 。

组装：

· 将制作完成的各个蛋糕"零件"备齐 17 。

· 将慕斯圈放在盘子中央，沿着慕斯圈内壁贴上一圈带状手指饼干 18 。

· 放入一块圆形手指饼干垫底 19 ，在上头填入一半分量的覆盆子慕斯 20 。

· 在慕斯表面铺满覆盆子 21 ，然后盖上第二块圆形手指饼干 22 － 23 。

· 填入剩余的覆盆子慕斯，将表面涂抹平整 24 。

· 在表面铺满覆盆子 25 。

· 筛撒糖粉 26 。

· 放入冰箱冷藏一整晚，隔天食用前再去除慕斯圈。

Les macarons
经典马卡龙

马卡龙

（基础配方）

★★★
8 个中型
或 36 个
迷你马卡龙

准备时间： 2 小时 | **烘烤时间：** 16 分钟

食材

蛋白 115 克（鸡蛋 4~5 颗）、杏仁粉 155 克、糖粉 160 克、天然香精或调味剂（依不同食谱调整用量）、白砂糖 160 克、粉状食用色素（选择性添加，依不同食谱调整用量）

*为方便拍摄，本图解步骤中呈现的是食谱标示的 3 倍量。

调制基础蛋糊：

· 敲开蛋壳，将蛋黄分离，精确称量出 115 克蛋白 1 。

· 将蛋白平均分装在两个搅拌盆中。

· 将杏仁粉与糖粉一起过筛，装在同一个沙拉碗中 2 。

· 倒入其中一盆蛋白 3 。此时可依食谱需求加入天然香精或调味剂。

· 以木匙用力搅拌混合 4 。

· 将 3 大匙水、糖、食用色素（如有需要）加入小锅中煮沸至 121℃，熬成糖浆 5 。（如果你没有甜点专用温度计，将一小滴滚烫的糖浆滴入冷水中，应可用手指掐捏成软颗粒状。）

· 用电动搅拌机中速打发另一盆蛋白，在不停机的状态下一点一点倒入滚烫的糖浆 6 。

· 以低速继续搅拌几分钟，直到打发的蛋白霜质地如丝绸般柔滑 7 。

· 挖一些蛋白霜加入步骤 4 备妥的蛋糊稍微搅拌，使其软化易拌匀 8 。

· 将剩余的蛋白霜全部倒入蛋糊中，由下往上用力翻拌几分钟，直到质地变得细致黏滑 9 ，将木汤匙稍微提起，蛋糊即呈带状流泻而下。

制作马卡龙饼壳：

· 在烤盘上铺一张烘焙纸。将马卡龙蛋糊填入装有 10 毫米圆形挤花嘴的挤花袋 10 。

· 制作迷你马卡龙，在烘焙纸上挤出直径 3~4 厘米的圆形蛋糊 11 。

· 制作中型马卡龙，在烘焙纸上挤出直径 6~7 厘米的圆形蛋糊 12 。

Macarons

马卡龙（基础配方）

制作圆盘马卡龙饼壳：

· 用铅笔和盘子在烘焙纸上描出两个直径约 18 厘米的圆形（6 人份）13，以螺旋画圆的方式在圆形内挤满马卡龙蛋糊 14。

制作心形马卡龙饼壳：

· 将 20 厘米 ×10 厘米的长方形卡纸剪出半个爱心形状，然后在烘焙纸上画出一个完整心形 15。

· 由外向内在心形内挤满马卡龙蛋糊 16 – 17。

· 在室温下静置 1 小时，让蛋糊表面稍微变干（用手指轻触不黏手的程度才可以）。烤箱预热至 125℃（刻度 4~5），烘烤 16 分钟18。

10

11

12

香草或巧克力马卡龙

准备时间：20 分钟（不包括烤制饼壳）

烘烤时间：16 分钟 | 冷藏时间：24 小时

食材

香草马卡龙饼壳： 蛋白 115 克（鸡蛋 4~5 颗）、杏仁粉 155 克、糖粉 150 克、香草粉 ¼ 小匙、白砂糖 160 克

巧克力马卡龙饼壳： 蛋白 115 克（鸡蛋 4~5 颗）、可可粉 30 克、杏仁粉 145 克、糖粉 145 克、香草粉 ¼ 小匙、白砂糖 160 克、胭脂红食用色素粉末 1 刀尖量（自由添加）

香草甘纳许夹心馅： 玉米粉 1 小平匙、全脂液态鲜奶油 1 大匙 ＋120 毫升、甜点专用白巧克力 50 克（块状或粗碎粒）、香草精 1 小匙、白砂糖 50 克、黄油 65 克

巧克力甘纳许夹心馅： 甜点专用黑巧克力 180 克（块状或粗碎粒）、全脂液态鲜奶油 180 毫升、白砂糖 20 克

前一天，制作饼壳：

· 依照本书第 184 页的步骤烘烤马卡龙饼壳（制作巧克力口味需将可可粉、杏仁粉和糖粉一起过筛）。

制作香草甘纳许夹心馅：

· 将玉米粉加入 1 大匙鲜奶油搅拌溶解。将剩余的鲜奶油、糖和香草精放入小锅中加热，倒入装了白巧克力的沙拉碗内，静置几分钟，再加入溶解的玉米粉和黄油，以打蛋器搅拌直到呈现光滑细致的质地，静置放凉。

制作巧克力甘纳许夹心馅：

· 将鲜奶油和糖加入厚底小锅中加热，倒入装了黑巧克力的沙拉碗内，静置几分钟，再用打蛋器搅拌直到呈现光滑细致的质地，静置放凉。

· 将夹心馅填入装有 8 毫米挤花嘴的挤花袋，取一片饼壳挤上少许馅料，再覆上另一片饼壳。

· 为了使香气扎实，请务必把组装完成的马卡龙放入密封保鲜盒，冷藏至少 24 小时之后再食用。

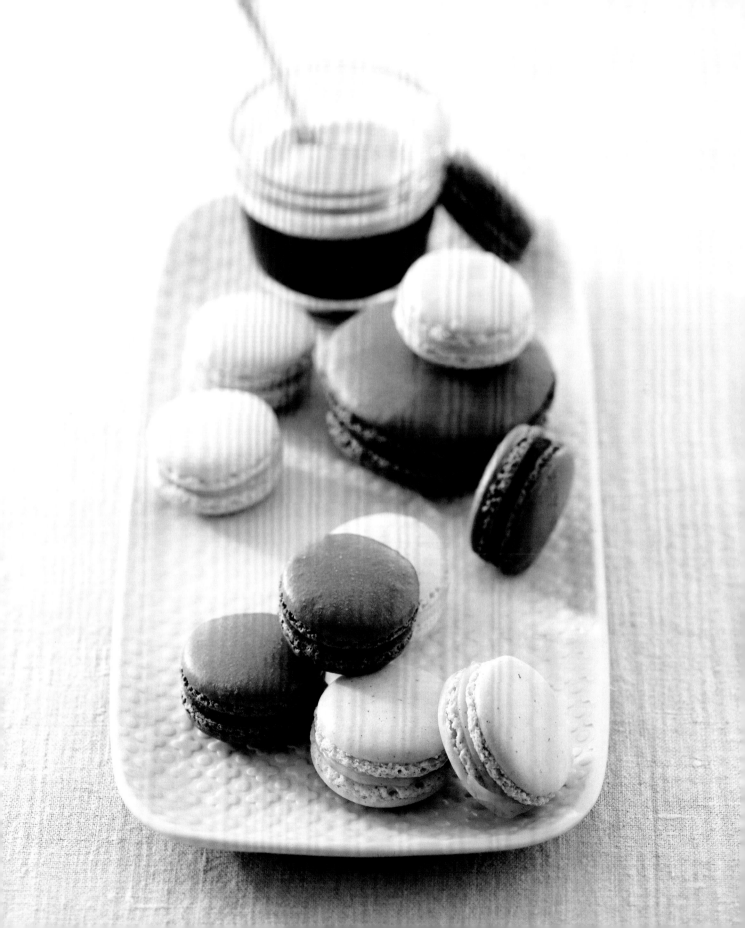

柠檬薄荷马卡龙

★ ★ ★
8 个中型
或 36 个迷你
马卡龙

准备时间： 30 分钟（不包括烤制饼壳）
烘烤时间： 16 分钟 | **冷藏时间：** 3 小时 ＋ 24 小时

食材

马卡龙饼壳： 蛋白 115 克（鸡蛋 4~5 颗）、杏仁粉 155 克、糖粉 150 克、白砂糖 160 克、黄色食用色素粉末 1 刀尖量、绿色食用色素粉末 1 刀尖量

柠檬薄荷夹心馅： 鲜榨柠檬汁和柠檬果肉 80 毫升（柠檬 1~2 颗）、鸡蛋 2 颗、白砂糖 100 克、玉米粉 1 大匙、吉利丁片 ⅓ 片、热水 1 大匙、薄荷香精 2~3 滴（依不同品牌浓度自行调整用量）、黄油 130 克

前一天，制作饼壳：

·依照本书第 184 页的步骤烘烤马卡龙饼壳，将一半蛋糊加入黄色食用色素，另一半加入绿色食用色素。

制作柠檬薄荷夹心馅：

·将糖、蛋和玉米粉放入沙拉碗中拌匀。将柠檬榨汁，称量出 80 毫升的果汁与果肉，放入厚底小锅中加热至沸腾，以打蛋器一边搅拌一边倒入糖蛋混合液，重新煮沸后继续加热并持续搅打约 5 分钟，直到变得如卡士达酱般浓稠。

·将吉利丁片放入冷水里泡软 10 分钟后沥出，加入 1 大匙热水搅拌溶解，再与热糖蛋糊和薄荷香精充分拌匀。待稍微降温后，加入切成小块的黄油，以手持电动搅拌器小心地搅打混合，放入冰箱冷藏至少 3 小时。

·将夹心馅填入装有 8 毫米挤花嘴的挤花袋，取一片饼壳挤上少许馅料，再覆上另一片饼壳。

·为了使香气扎实，请务必把组装完成的马卡龙放入密封保鲜盒，冷藏至少 24 小时之后再食用。

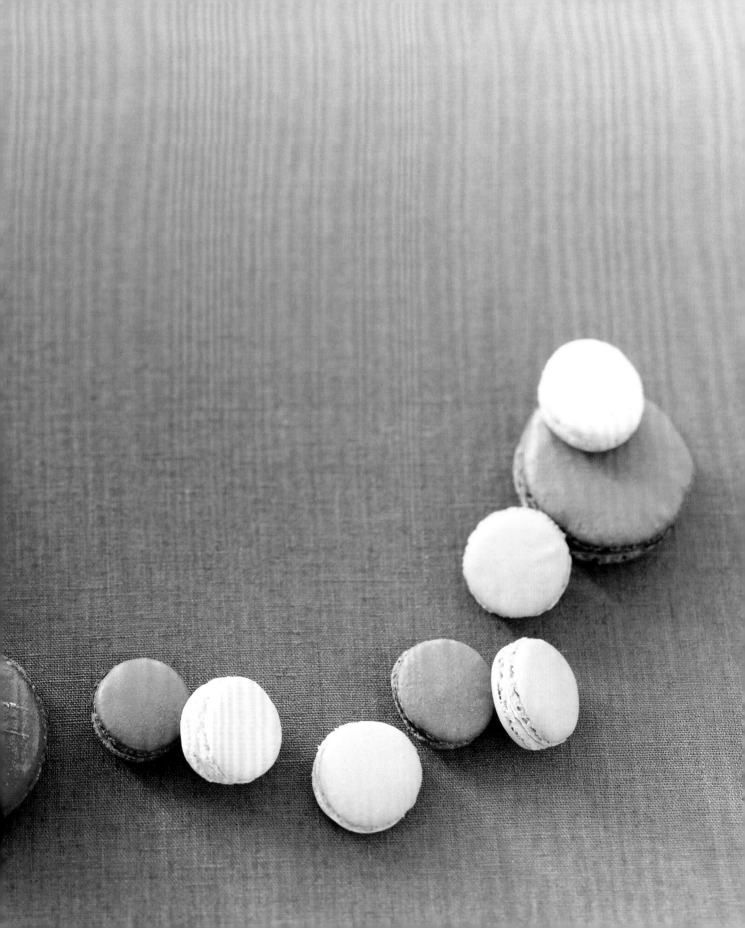

Macarons

柠檬覆盆子马卡龙

★ ★ ★
8 个中型
或 36 个迷你
马卡龙

准备时间： 15 分钟（不包括烤制饼壳）

烘烤时间： 16 分钟 | **冷藏时间：** 24 小时

食材

马卡龙饼壳： 蛋白 115 克（鸡蛋 4~5 颗）、杏仁粉 155 克、糖粉 150 克、白砂糖 160 克、覆盆子红食用色素粉末 1~2 刀尖量（依不同品牌浓度自行调整用量）

饼壳装饰： 白巧克力 100 克、绿色食用色素液 2~3 滴

柠檬覆盆子夹心馅： 浓稠的覆盆子果酱 270 克（依个人喜好选择含果粒与否）、杏仁粉 40 克、绿柠檬皮屑 1 小匙

前一天，制作饼壳：

·依照本书第184页的步骤烘烤马卡龙饼壳。

·以小火隔水加热熔化白巧克力（小锅中的水不能煮沸，也不能接触到装着白巧克力的大碗底部，而是靠热气使之熔化），滴入绿色食用色素轻拌几下，立即将上了色的巧克力填入一个纸折的小圆锥，在烤好的马卡龙饼壳表面随意画几条线做装饰。

制作柠檬覆盆子夹心馅：

·将所有食材搅拌均匀，填入装有 8 毫米挤花嘴的挤花袋，取一片饼壳挤上少许馅料，再覆上另一片饼壳。

·为了使香气扎实，请务必把组装完成的马卡龙放入密封保鲜盒，冷藏至少 24 小时之后再食用。

开心果马卡龙

★ ★ ★
8 个中型
或 36 个迷你
马卡龙

准备时间： 25 分钟（不包括烤制饼壳）

烘烤时间： 16 分钟 | **冷藏时间：** 24 小时

食材

马卡龙饼壳： 蛋白 115 克（鸡蛋 4~5 颗）、杏仁粉 140 克、开心果粉 55 克、糖粉 175 克、白砂糖 160 克、开心果绿食用色素粉末 1~2 刀尖量（依不同品牌浓度自行调整用量）

开心果夹心馅： 白砂糖 30 克、鸡蛋 1 颗、黄油 110 克、开心果酱 30 克、杏仁粉 65 克、糖粉 65 克

前一天，制作饼壳：

· 依照本书第 184 页的步骤烘烤马卡龙饼壳（要将开心果粉、杏仁粉和糖粉一起过筛）。

制作开心果夹心馅：

· 将 1 大匙水和糖放入厚底小锅中煮沸至 121℃，熬成糖浆。（如果你没有甜点专用温度计，将一小滴滚烫的糖浆滴入冷水中，应可用手指掐捏成软颗粒状。）

· 在沙拉碗里打蛋，一边搅打一边缓缓倒入滚烫的糖浆，直到蛋液出现泡沫并且变得浓稠。继续一边慢慢搅打，一边加入黄油、开心果酱、杏仁粉和糖粉混拌均匀，静置放凉。

· 将夹心馅填入装有 8 毫米挤花嘴的挤花袋，取一片饼壳挤上少许馅料，再覆上另一片饼壳。

· 为了使香气扎实，请务必把组装完成的马卡龙放入密封保鲜盒，冷藏至少 24 小时之后再食用。

Macaronnade

圆盘马卡龙

★ ★ ★

6~8 人份

准备时间： 25 分钟（不包括烤制饼壳）
烘烤时间： 16 分钟 | **冷藏时间：** 2 小时

食材

马卡龙饼壳
· 蛋白 115 克（鸡蛋 4~5 颗）
· 杏仁粉 155 克
· 糖粉 160 克
· 白砂糖 160 克
· 覆盆子红食用色素粉末 1~2 刀尖量
（依不同品牌浓度自行调整用量）

开心果卡士达酱
· 蛋黄 3 颗
· 白砂糖 110 克
· 玉米粉 45 克
· 全脂牛奶 450 毫升（建议用鲜奶）
· 开心果酱 25 克
· 全脂液态鲜奶油 150 毫升

水果填馅
· 覆盆子 1~3 盒

表面装饰
· 食用金箔 1 张

建议

· 节庆聚餐时，可用金箔装饰增添喜气：用刀尖小心地挑起金箔碎片，沾黏在覆盆子表面 12 。室内若有风会把金箔像羽毛一样吹走，请务必注意。

制作马卡龙饼壳：

· 依照本书第 184 页的步骤烘烤马卡龙饼壳，以螺旋画圆的方式挤出两个 22 厘米的圆盘（完成品见 ① ）。

制作开心果卡士达酱：

· 依照本书第 146 页的步骤制作卡士达酱，再加入开心果酱拌匀，放入冰箱冷藏至少 2 小时（完成品见 1 ）。

· 将鲜奶油打至湿性发泡，然后与卡士达酱充分混合 2 - 3 。

· 将一片圆盘饼壳正面朝上放在盘子中央（烤得比较漂亮的那一片放在上层）。将卡士达酱填入装有大挤花嘴的挤花袋，顺着螺旋方向挤满饼壳表面 4 - 5 。

· 在外围摆上一圈漂亮的覆盆子（另留几颗做表面装饰用）6 。

· 将卖相较差的覆盆子摆在中间，在上头挤满卡士达酱将其覆盖 7 - 8 。

· 将另一片圆盘饼壳盖上去 9 。

· 在表面挤上 2 或 3 小球卡士达酱，黏上刚才预留的漂亮覆盆子 10 - 11 。

1

2

3

Les gâteaux de fêtes
节庆蛋糕

圣诞节树干蛋糕

（咖啡口味）

★ ★ ★

6~8 人份

准备时间：50 分钟 ｜ 烘烤时间：10 分钟

器材

边长 24 厘米 ×8 厘米的硬纸板 1 张

食材

咖啡糖浆： 白砂糖 100 克、咖啡萃取液 ½ 小匙、即溶咖啡粉 1 小匙

薄片海绵蛋糕： 蛋白 3 颗、白砂糖 115 克、蛋黄 7 颗、过筛面粉 135 克

意式蛋白霜： 白砂糖 60 克、蛋白 1 颗

咖啡奶油馅： 牛奶 50 毫升、咖啡豆 1 小匙（粗碎粒）、蛋黄 1 颗、白砂糖 20 克、即溶咖啡粉 1 小匙、黄油 160 克

表面装饰： 咖啡豆巧克力

制作咖啡糖浆：

·将 100 毫升的水和糖混合煮沸，加入咖啡萃取液和即溶咖啡粉拌匀。

制作薄片海绵蛋糕：

·用电动搅拌机打发蛋白，同时缓缓倒入砂糖，在不停机的状态下，将蛋黄一颗颗打入盆内，最后加入过筛面粉，均匀混拌成面糊（可参考本书第 176 页手指饼干的步骤图解）。

·在铺了烘焙纸的浅烤盘上将面糊均匀抹开，送入预热至 180℃（刻度 6）的烤箱烘烤 10 分钟。

制作意式蛋白霜：

·将 1 大匙水和糖放入厚底小锅中煮沸至 121℃，熬成糖浆。（如果你没有甜点专用温度计，将一小滴滚烫的糖浆滴入冷水中，应可用手指掐捏成软颗粒状。）

·用电动搅拌机中速打发蛋白，在不停机的状态下一点一点倒入滚烫的糖浆，直到蛋白霜质地如丝绸般柔滑（可参考本书第 162 页欧培拉蛋糕的步骤图解）。

制作咖啡奶油馅：

·将牛奶放入小锅中煮沸，再放入咖啡豆浸泡，静置放凉后滤掉咖啡豆。将蛋黄和糖放入盆内搅打，然后倒入重新热过的咖啡牛奶拌匀。将混合奶蛋液倒回小锅中，加入即溶咖啡粉，以小火加热并持续搅拌约 5 分钟，直到奶糊可以裹住搅拌匙的状态，稍微放凉（可参考本书第 162 页欧培拉蛋糕的步骤图解）。

Bûche au café

圣诞节树干蛋糕

· 用电动搅拌机打散黄油，在不停机的状态下一点一点倒入奶糊，然后与意式蛋白霜均匀混合。

组装：

· 将制作完成的各个蛋糕"零件"备齐 ①。

· 将薄片海绵蛋糕放在一大张烘焙纸或餐巾上，利用硬纸板的边缘裁出 40 厘米 ×24 厘米的长方形 ② 。

· 在薄片蛋糕上刷涂一层咖啡糖浆 ③ - ④ 。

· 抹上一半分量的咖啡奶油馅，整平表面 ⑤ - ⑥ 。

· 借助外层的烘焙纸或餐巾，将薄片蛋糕滚卷成紧密扎实的蛋糕卷 ⑦ 。

· 利用硬纸板将蛋糕卷塞紧 ⑧ 。

· 将蛋糕卷放在硬纸板上 ⑨ ，在表面挤上两朵奶油花（图片中使用香草奶油馅，但咖啡奶油馅也很适合），象征树干突出的芽眼 ⑩ 。

· 将咖啡奶油馅填入装有挤花嘴的挤花袋（建议使用"树皮造型专用挤花嘴"），在蛋糕卷表面挤满奶油馅 ⑪ 。

· 如果你想制作出树皮的粗糙效果，可用叉子来划刻条痕。

· 最后在表面放上几颗咖啡豆巧克力做装饰 ⑫ 。

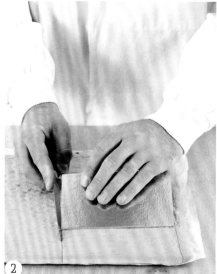

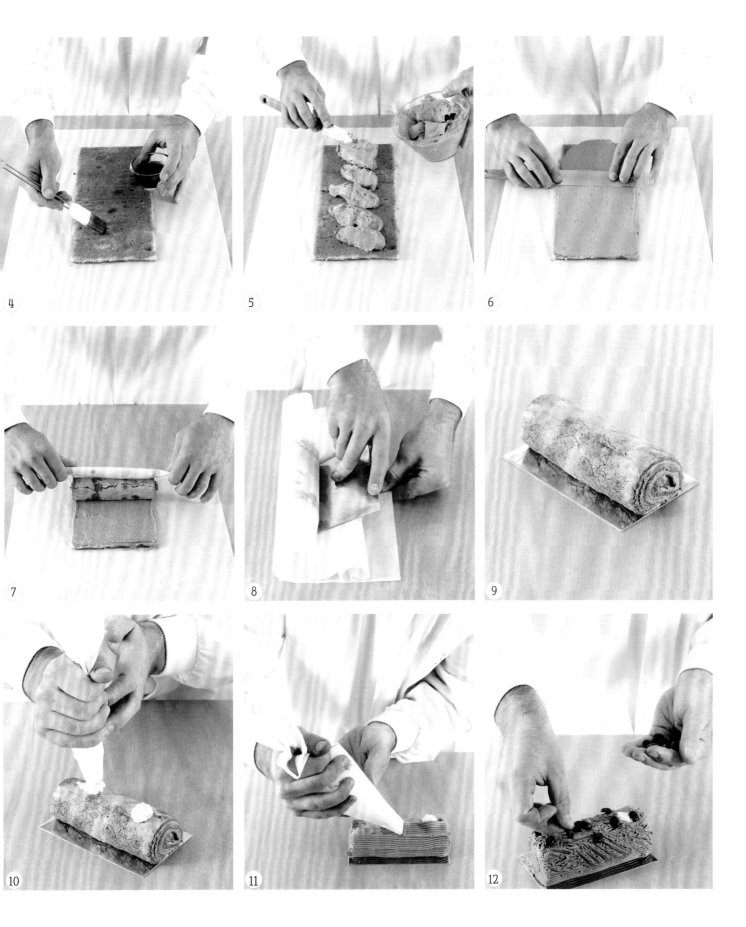

Bûche forêt-noire

圣诞节树干蛋糕

（黑森林口味）

★ ★ ★

8~10 人份

准备时间： 2 天加起来 1 小时 | **烘烤时间：** 10 分钟 | **冷冻时间：** 3 小时 ＋ 1 晚

器材

长 28 厘米的长方形烤模 1 个、长 30 厘米的 U 形槽蛋糕模 1 个、与蛋糕大小一致的硬纸板 1 张

食材

巧克力薄片海绵蛋糕： 面粉 25 克、可可粉 25 克、杏仁粉 40 克、黄油 25 克、鸡蛋 1 颗、蛋黄 1 颗、白砂糖 100 克、蛋白 3 颗

夹心内馅： 泡过樱桃白兰地的黑樱桃 150 克、冰全脂液态鲜奶油 350 毫升、糖粉 30 克

樱桃糖浆： 白砂糖 60 克 、泡过黑樱桃的樱桃白兰地 3 大匙

巧克力慕斯： 白砂糖 70 克、蛋黄 4 颗、甜点专用黑巧克力 250 克、冰全脂液态鲜奶油 350 毫升

镜面巧克力： 吉利丁片 1½ 片、热水 1 大匙、全脂液态鲜奶油 3 大匙、白砂糖 55 克、可可粉 1 大匙

前一天，制作巧克力薄片海绵蛋糕：

· 将面粉、可可粉和杏仁粉混合过筛。将黄油熔化，静置放凉。烤箱预热至 160℃（刻度 5~6）。将鸡蛋、蛋黄和一半分量的糖搅打混合，直到呈现浓稠乳霜状，再倒入放凉的奶油混拌成糖蛋糊。一边搅打蛋白，一边加入剩余的糖，均匀打发成蛋白霜。用硅胶刮刀将蛋白霜和糖蛋糊混合，加入过筛粉料，混拌成面糊。

· 在铺了烘焙纸的浅烤盘上将面糊均匀抹开，将烤箱温度调高至 180℃（刻度 6），送入烤箱烤 10 分钟。出炉后静置放凉，再撕除烘焙纸，裁出两片和长方形烤模大小一致的蛋糕片。

Bûche forêt-noire

圣诞节树干蛋糕（黑森林口味）

制作夹心内馅和糖浆：

· 用厨房纸巾将黑樱桃的水分吸干。

· 将 3 大匙水、糖和樱桃白兰地放入小锅中煮沸，静置放凉，即为樱桃糖浆。

· 一边搅打冰冷的鲜奶油，一边加入糖粉，均匀打发成香缇鲜奶油。

· 在长方形烤模内铺上一张烘焙纸作隔离，底部放入一片长方形薄片海绵蛋糕，表面刷上樱桃糖浆，覆盖一层厚厚的香缇鲜奶油，塞入一些黑樱桃，放上第二片薄片蛋糕，然后再次刷涂樱桃糖浆。将蛋糕模边缘多余的烘焙纸往内包折，放入冰箱冷冻至少 3 小时，最后组装时再取出。

制作巧克力慕斯：

· 将 3 大匙水和糖放入厚底小锅中煮沸至 119℃，熬成糖浆。（如果你没有甜点专用温度计，将一小滴滚烫的糖浆滴入冷水中，应可用手指掐捏成软颗粒状。）

· 用电动搅拌机中速搅打蛋黄，在不停机的状态下一点一点倒入滚烫的糖浆，直到打发的蛋黄糊呈现浓稠乳霜状。用微波炉或隔水加热熔化黑巧克力块，静置放凉。将冰鲜奶油打发，然后挖取少许加入熔化的巧克力中，用硅胶刮刀混拌直到质地滑顺，再把剩余的打发鲜奶油全部加入混拌均匀。最后与蛋黄糊混合。

组装：

· 将冷冻夹心内馅脱膜，修切边缘，使之比 U 形槽蛋糕模的宽度还要窄一些。在 U 形槽蛋糕模里铺上一张烘焙纸作隔离，填入一半分量的巧克力慕斯，塞入夹心内馅（表面必须与 U 形槽蛋糕模的边缘同高），再用剩下的慕斯填满并修整边缘，放入冰箱冷冻至少一晚。

隔天：

· 将硬纸板放在散热架上，然后将树干蛋糕放在硬纸板上脱膜。

制作镜面巧克力：

· 将吉利丁片放入冷水里泡软 10 分钟后沥出，加入 1 大匙热水搅拌溶解。加热鲜奶油、1 大匙水和糖，然后与吉利丁水及可可粉混合，静置降温后，用手持式电动搅拌器搅打均匀，最后浇淋在蛋糕表面。

· 放入冰箱冷藏直到食用前再取出，并稍加装饰。

建议

· 可随喜好在蛋糕表面撒上巧克力碎屑、方块，或蘸了黑巧克力酱的带梗酒酿黑樱桃。平常可做成简易的层叠造型蛋糕享用。

· 你可以在专业烘焙材料行找到金属或硅胶材质的 U 形槽蛋糕模。

Saint-valentin
情人节浪漫之心蛋糕

准备时间： 2 天加起来 1 小时
冷冻时间： 6 小时 | **烘烤时间：** 10 分钟

器材

心形硅胶烤模 1 个和心形慕斯圈 1 个

食材

覆盆子夹心内馅： 覆盆子果泥 250 克、白砂糖 75 克、覆盆子利口酒 1½ 大匙（自由添加）、吉利丁片 2 片、热水 2 大匙

普鲁加斯特薄片海绵蛋糕： 杏仁粉 30 克、蛋白 3 颗、糖粉 30 克、白砂糖 60 克、过筛面粉 20 克

白巧克力慕斯： 蛋黄 2 颗、玉米粉 30 克、白砂糖 2 小匙、牛奶 250 毫升、吉利丁片 1 片、热水 1 大匙、甜点专用白巧克力 160 克（块状或粗碎粒）、全脂液态鲜奶油 200 毫升

镜面巧克力： 全脂液态鲜奶油 80 毫升、吉利丁片 ⅓ 片、热水 1 大匙、甜点专用白巧克力 120 克（块状或粗碎粒）、红色食用色素液数滴

表面装饰： 新鲜覆盆子数颗、糖粉少许

前一天，制作覆盆子夹心内馅：

· 将覆盆子果泥和糖放入小锅中以小火加热，再加入覆盆子利口酒。将吉利丁片放入冷水里泡软 10 分钟后沥出，立刻加入 2 大匙热水搅拌溶解，再与温热的覆盆子果泥混合，倒入心形硅胶烤模，放入冰箱冷冻至少 3 小时。

制作普鲁加斯特薄片海绵蛋糕：

· 备齐所需食材 1 。

· 将杏仁粉、糖粉和 1 个蛋白放入沙拉碗中，用硅胶刮刀搅和均匀成糖蛋糊 2 。

· 将剩余的蛋白打发，在不停机的状态下一点一点倒入砂糖，搅打成蛋白霜 3 。

· 烤箱预热至 180℃（刻度 6）。用硅胶刮刀将蛋白霜与糖蛋糊混拌均匀 4 。

· 加入过筛面粉混匀 5 ，然后将面糊填入装了圆形挤花嘴的挤花袋，挤入事先在底部铺了烘焙纸的心形慕斯圈内 6 ，送入烤箱烘烤 10 分钟，静置放凉后即可脱模。

制作白巧克力慕斯：

· 将蛋黄、玉米粉和糖放入盆内拌匀 7 。

· 倒入加热的牛奶搅拌均匀 8 ，再倒回小锅中以小火加热，直到奶蛋糊可以裹住搅拌匙的状态 9 。

Saint-valentin

情人节浪漫之心蛋糕

·将吉利丁片放入冷水里泡软 10 分钟后沥出，加入 1 大匙热水搅拌溶解，再
与温热的奶蛋糊混合均匀，最后倒入装了白巧克力的沙拉碗中，不停搅拌直到
巧克力奶蛋糊呈现光滑细致的质地 10 – 11 。将鲜奶油打发，与白巧克力奶糊
轻轻拌匀 12 ，即为白巧克力慕斯。

·在慕斯凝固前开始组装蛋糕。

组装：

·将制作完成的各个蛋糕"零件"备齐 13 。

·将慕斯圈放在盘子中央，然后在圈内放入心形薄片海绵蛋糕。将白巧克力慕
斯填入装有大号圆形挤花嘴的挤花袋，沿着慕斯圈内壁挤一圈慕斯 14 。

·放上冷冻覆盆子夹心内馅 15 。

·将剩下的慕斯全部倒进慕斯圈，整平表面 16 – 17 。

·放入冰箱冷冻 2~3 小时。

隔天，制作镜面巧克力：

·将吉利丁片放入冷水里泡软 10 分钟后沥出，加入 1 大匙热水搅拌溶解，再
倒入加热的鲜奶油中，混拌均匀。

·倒入装了白巧克力的沙拉碗中 18 ，静置几分钟，再以手持电动搅拌器搅打
均匀 19 。

·将心形蛋糕放在散热架上脱模 20 ，将镜面巧克力浇淋在蛋糕表面 21 。

·最后在蛋糕表面滴上数滴食用色素 22 ，用抹刀划开，制作出大理石的纹理
效果 23 。

·摆上几颗新鲜覆盆子，撒些糖粉作装饰 24 ，连同散热架一起放入冰箱冷藏，
直到镜面巧克力凝固，即可将蛋糕移至餐盘中。

建议

·你可以在制作镜面巧克力时加几滴食用色素，调成如本书第 217 页图片中的浪漫粉红色。

Galette des rois

新年国王饼

（原味）

★ ★ ★

6~8 人份

准备时间：20 分钟（不包括制作千层派皮）

烘烤时间：40 分钟

食材

饼皮： 千层派皮 800 克（自制的纯奶油派皮或市售冷冻派皮皆可）、蛋黄 1 颗

杏仁奶油馅： 黄油 100 克、白砂糖 100 克、鸡蛋 2 颗、杏仁粉 100 克、玉米粉 1 大匙、 朗姆酒 1 大匙

制作杏仁奶油馅：

· 将黄油和糖放入搅拌盆内，用电动搅拌机混拌至浓稠乳霜状，接着在不停机的状态下依序加入其余食材。

烘烤饼皮：

· 烤箱预热至 190℃（刻度 6~7）。将千层派皮擀成约 3 毫米的厚薄度，裁出两个直径 24 厘米的圆形。将一片圆形派皮放在铺了烘焙纸的烤盘上，在距离边缘 2 厘米处的派皮中央涂抹杏仁奶油馅，放上一只小瓷偶 *。将蛋黄和 1 小匙水拌匀，用毛刷涂抹在派皮边缘，然后覆盖上另一片圆形派皮，先将派皮边缘仔细涂满蛋黄液，接着大面积地涂刷派皮表面。

· 用锐利的刀片在派皮表面划出喜爱的花纹做装饰，送入烤箱烘烤 40 分钟。

建议

· 自制千层派皮，请参考本书第 142 页的步骤说明。

*译注：在每年的 1 月 6 日主显节，法国人会一起分享国王饼，吃到小瓷偶的人会被封为当天的国王或皇后，并拥有一整年的好运。

Galette des rois

新年国王饼

（巧克力山核桃口味）

★ ★ ★

6~8 人份

准备时间： 20 分钟（不包括制作千层派皮）

烘烤时间： 40 分钟

食材

饼皮： 千层派皮 800 克（自制的纯奶油派皮或市售冷冻派皮皆可）、山核桃仁 125 克、蛋黄 1 颗

杏仁奶油馅： 白巧克力 150 克、黄油 80 克、白砂糖 80 克、鸡蛋 2 颗、杏仁粉 80 克、玉米粉 1 大匙

制作杏仁奶油馅：

·用微波炉或隔水加热熔化白巧克力。用电动搅拌机将黄油和糖搅拌至浓稠乳霜状，在不停机的状态下依序加入鸡蛋、杏仁粉、玉米粉和熔化的白巧克力。

烘烤饼皮：

·烤箱预热至 190℃（刻度 6~7）。将千层派皮擀成 3 毫米的厚薄度，裁出两个边长 22 厘米的正方形。将一片正方形派皮放在铺了烘焙纸的烤盘上，在距离边缘 2 厘米处

的派皮中央涂抹杏仁奶油馅，撒上切碎的山核桃仁，放上一只小瓷偶。将蛋黄和 1 小匙水拌匀，用毛刷涂抹在派皮边缘，然后覆盖上另一片正方形派皮，先将派皮边缘仔细涂满蛋黄液，接着大面积地涂刷派皮表面。

·用锐利的刀片在派皮表面划出喜爱的花纹作装饰，送入烤箱烘烤 40 分钟。

建议

·自制千层派皮，请参考本书第 142 页的步骤说明。

Mid de Pâques

复活节鸟巢蛋糕

★ ★ ★

8 人份

准备时间：1 小时 | 冷冻时间：至少 3 小时（最好 1 晚）+1 小时
烘烤时间：12 分钟 | 冷藏时间：3 小时

器材
直径 18 厘米的硅胶蛋糕烤模 1 个、直径 20 厘米的慕斯圈 1 个、与蛋糕大小一致的硬纸板 1 张

食材
巧克力浓醇夹心： 蛋黄 1 颗、白砂糖 1 大平匙、全脂牛奶 50 毫升、全脂液态鲜奶油 50 毫升、甜点专用黑巧克力 55 克（块状或粗碎粒）

鸟巢： 甜点专用白巧克力 300 克（块状或粗碎粒）

巧克力薄饼： 鸡蛋 2 颗 、白砂糖 115 克、过筛可可粉 20 克

镜面巧克力： 吉利丁片 1 片、甜点专用黑巧克力 50 克（块状或粗碎粒）、甜点专用白巧克力 25 克（块状或粗碎粒）、全脂液态鲜奶油 50 毫升、热水 2 大匙、市售镜面果胶 100 克

巧克力慕斯： 吉利丁片 4 片、白砂糖 190 克、蛋黄 10 个、热水 1 大匙、甜点专用黑巧克力 55 克（块状或粗碎粒）、甜点专用白巧克力 50 克（块状或粗碎粒）、全脂液态鲜奶油 100 毫升

表面装饰： 复活节巧克力蛋

前一天，制作巧克力浓醇夹心：
·将糖和蛋黄放入盆内搅打均匀，然后一边搅拌一边缓缓倒入加热的牛奶与鲜奶油混合液。将混匀的奶蛋液倒回小锅里，以小火加热并持续搅拌约 5 分钟，直到奶糊可以裹住搅拌匙为止。倒入装了黑巧克力的沙拉碗中，趁热搅拌至巧克力熔化混匀且质地柔滑，待稍微降温后以手持电动搅拌器稍微搅打，随即倒入硅胶蛋糕烤模中，放入冰箱冷冻至少 3 小时。

制作鸟巢：
·用铅笔在烘焙纸上画出一个直径 18 厘米的圆形，然后铺在烤盘上。烧一小锅水，在水沸腾前（即锅底及内壁开始冒泡时）关火，然后用装了白巧克力的沙拉碗盖住小锅（切勿让碗底接触到热水），让白巧克力自行熔化，直到变得柔软潮湿时再轻轻搅拌均匀。将白巧克力酱填入装有特细挤花嘴的挤花袋，沿着烘焙纸上的圆圈挤出一圈圈层叠交错、像鸟巢般的巧克力圈（请参考本书第 229 页的图片），放入冰箱冷藏，直到组装蛋糕时再取出。

Nid de pâques

复活节鸟巢蛋糕

制作巧克力薄饼：

· 烤箱预热至 220℃（刻度 7~8）。敲开蛋壳，将蛋白与蛋黄分离。用电动搅拌机打发蛋白，在不停机的状态下慢慢倒入一半分量的糖，直到蛋白霜质地如丝绸般柔滑。将蛋黄和剩下的糖搅拌均匀，加入过筛的可可粉。用硅胶刮刀将蛋白霜和糖蛋糊拌匀，在铺了烘焙纸的浅烤盘上均匀抹开，送入烤箱烘烤12 分钟。出炉后先放凉再撕除烘焙纸。

制作镜面巧克力：

· 将吉利丁片放入冷水里泡软 10 分钟后沥出，加入 2 大匙热水搅拌溶解，再倒入煮沸的鲜奶油中稍加搅拌。接着全部倒入装了两种巧克力的沙拉碗中，以手持电动搅拌器稍微搅打，随即加入市售镜面果胶，继续搅打直到巧克力酱呈现光滑细致的质地，放入冰箱冷藏。

隔天，准备巧克力慕斯：

· 将吉利丁片放入装了冷水的碗里先浸泡10 分钟。将 50 毫升的水和糖放入厚底小锅中煮沸至 121℃，熬成糖浆。（如果你没有甜点专用温度计，将一小滴滚烫的糖浆滴入冷水中，应可用手指掐捏成软颗粒状。）

· 用电动搅拌机中速搅打蛋黄，在不停机的状态下一点一点倒入滚烫的糖浆，直到糖蛋糊呈现浓稠乳霜状。沥出软化的吉利丁，加入 1 大匙热水搅拌溶解，再加入蛋糖糊中。用微波炉或隔水加热法熔化两种巧克力，静置放凉。将鲜奶油打发，然后挖取少许加入熔化的巧克力中，用硅胶刮刀混拌直到质地滑顺，再把剩余的打发鲜奶油全部加入混拌均匀。最后与蛋黄糊混合。

组装：

· 用慕斯圈压切出一个圆形薄饼，然后将慕斯圈放在硬纸板上，放入圆形薄饼。将巧克力夹心从冰箱取出并脱模，放在薄饼上方，填入巧克力慕斯使其覆盖薄饼，放入冰箱冷冻 1 小时。

· 从冰箱取出蛋糕，放在散热架上脱膜。用隔水加热法（请参考本书第 228 页的步骤说明）软化镜面巧克力酱，浇淋在蛋糕表面。

· 再次将蛋糕放入冰箱冷藏至少 3 小时，直到食用前再取出。上桌前，小心地将巧克力鸟巢移至蛋糕表面，摆上几颗复活节巧克力蛋做装饰，即大功告成。

Les gâteaux sans gluten
无麸质糕点

无麸质开心果磅蛋糕

★ ★ ★

6~8 人份

准备时间： 15 分钟 | **烘烤时间：** 30 分钟

器材

长 22~24 厘米的长方形烤模 1 个

食材

· 黄油 100 克
· 鸡蛋 4 颗
· 白砂糖 120 克
· 杏仁粉 25 克
· 开心果酱 50 克
· 黏米粉 120 克
· 泡打粉 ½ 小匙
· 开心果碎粒 30 克

· 烤箱预热至 165℃（刻度 5~6）。将黄油加热熔化。敲开蛋壳，将蛋白与蛋黄分离。将糖和蛋黄搅打混合，然后一边搅拌一边加入熔化的黄油、杏仁粉和开心果酱，接着加入黏米粉和泡打粉，继续搅拌直到米粉糊质地光滑如缎。

· 将蛋白打发成蛋白霜，利用硅胶刮刀轻轻拌入米粉糊中。

· 在烤模底部及内壁涂抹一层黄油，再均匀撒上一层黏米粉*，倒入米粉糊，撒上开心果碎粒，送入烤箱烘烤约 30 分钟。

*注：步骤中涂撒在模具表面防止沾黏的黄油与粘米粉皆需另外准备。

Cookies au chocolat
无麸质巧克力芝麻饼干

★ ★ ★
18 片饼干

准备时间： 15 分钟 | **烘烤时间：** 10~12 分钟

食材

- 黏米粉 190 克
- 马铃薯淀粉 90 克
- 泡打粉 ½ 包
- 杏仁粉 25 克
- 盐 1 小匙
- 黄油 220 克（室温回软）
- 黄砂糖 275 克
- 鸡蛋 2 颗
- 甜点专用黑巧克力 260 克（块状或粗碎粒）
- 白芝麻 90 克

· 将所有粉料和盐放入沙拉碗中混合均匀。

· 用电动搅拌机将黄油和糖搅拌至浓稠乳霜状，加入蛋拌匀，再倒入混合粉料混拌成团。

· 用微波炉或隔水加热熔化黑巧克力，与前一步骤的米粉团充分拌匀。

· 烤箱预热至 160℃（刻度 5~6）。用冰激凌勺挖起米粉团，一勺一勺间隔整齐地摆放在铺了烘焙纸的烤盘上，并用汤匙背面一一压扁成圆饼状。

· 在圆饼表面撒上白芝麻，送入烤箱，依照饼干大小烘烤 10~12 分钟，烤好的饼干应该边缘酥脆但中央软韧。

· 稍微降温之后，即可将饼干从烘焙纸上剥下来。

Cookies au muesli
无麸质果干种子饼干

★★★

18 片饼干

准备时间：15 分钟 | **烘烤时间：**10~12 分钟

食材
- 黏米粉 210 克
- 马铃薯淀粉 105 克
- 荞麦粉 210 克
- 泡打粉 ½ 包
- 杏仁粉 20 克
- 盐 2 小撮
- 黄油 300 克（室温回软）
- 橄榄油 50 克
- 黄砂糖 360 克
- 鸡蛋 2 颗
- 葡萄干 200 克
- 杏桃干 100 克（切丁）
- 综合种子 90 克（芝麻、葵花籽、南瓜子等）

· 将所有粉料和盐放入沙拉碗中混合均匀。

· 用电动搅拌机将黄油、橄榄油和糖搅拌至浓稠乳霜状，加入鸡蛋拌匀，倒入混合粉料，一边加入果干一边用手揉和成团。

· 烤箱预热至 160℃（刻度 5~6）。用冰激凌勺挖起米粉团，一勺一勺间隔整齐地摆放在铺了烘焙纸的烤盘上，并用汤匙背面一一压扁成圆饼状。

· 在圆饼面团表面撒上综合种子，放入烤箱，依照饼干大小烘烤 10~12 分钟，烤好的饼干应该边缘酥脆但中央软韧。

· 稍微降温之后，即可将饼干从烘焙纸上剥下来。

Cake au chocolat

无麸质榛果巧克力磅蛋糕

★ ★ ★

6~8 人份

准备时间：10 分钟 | **烘烤时间：**25 分钟

器材
长 22~24 厘米的长方形烤模 1 个

食材
面糊
· 白砂糖 70 克
· 鸡蛋 4 颗
· 黄油 70 克
· 黑巧克力 200 克
· 黏米粉 70 克
· 巧克力碎块 50 克

镜面装饰
· 甜点专用黑巧克力 90 克
· 黄油 30 克
· 榛果或杏仁碎粒 50 克

· 烤箱预热至 165℃（刻度 5~6）。用电动搅拌机低速搅打，将糖和鸡蛋混拌直到呈现浓稠乳霜状。

· 用微波炉或隔水加热熔化黄油和黑巧克力，与前一步骤的糖蛋糊混拌均匀。倒入黏米粉，搅拌直到米粉糊呈现光滑细致的质地，即可加入巧克力碎块，以硅胶刮刀混拌均匀。

· 在烤模底部及内壁涂抹一层黄油，再均匀撒上一层黏米粉，倒入米粉糊，送入烤箱烘烤约 25 分钟。

· 取出蛋糕，待稍微降温后置于散热架上脱模。将黑巧克力和黄油一起加热熔化，浇淋在蛋糕表面。

· 最后撒上榛果或杏仁碎粒做装饰。

Moelleux au chocolat

无麸质黑巧克力夹心蛋糕

★★★

6~8 人份

准备时间： 10 分钟

烘烤时间： 18 分钟或 13 分钟（视蛋糕大小而定）

器材

直径 18 厘米的圆形烤模 1 个，
或直径 8 厘米的圆形烤模 6 个

食材

· 纯度 70% 的黑巧克力 200 克

· 黄油 70 克

· 鸡蛋 4 颗

· 白砂糖 70 克

· 黏米粉 70 克

· 烤箱预热至 150℃（刻度 5）。将黑巧克力放入沙拉碗里，用微波炉加热 2 分钟使其熔化，加入黄油，再次送热微波炉加热 1 分钟。

· 将糖和蛋放入另一大碗内搅打，直到颜色变淡白，与熔化的巧克力黄油混拌均匀，随即加入黏米粉，搅拌直到米粉糊质地如丝绸般柔滑。

· 将烤模底部及内壁涂抹一层黄油（硅胶烤模不需抹油），再均匀撒上一层黏米粉，倒入米粉糊，送入烤箱烘烤约 18 分钟（若使用 8 厘米的圆形烤模，只需烘烤 13 分钟）。

· 取出蛋糕，稍微降温后放在餐盘上脱模。

计量单位对照表

重量

55 克	2 盎司		200 克	7 盎司		500 克	17 盎司
100 克	3 盎司		250 克	9 盎司		750 克	26 盎司
150 克	5 盎司		300 克	10 盎司		1 公斤	35 盎司

此量表取相近的整数数值以方便计算（实际上 1 盎司 = 28 克）。

容量

50 毫升	2 英液盎司		200 毫升	7 英液盎司		750 毫升	26 英液盎司
100 毫升	3.5 英液盎司		250 毫升	9 英液盎司			
150 毫升	5 英液盎司		500 毫升	17 英液盎司			

为方便称量容量，此量表中 1 量杯 = 250 毫升（实际上 1 量杯 = 8 英液盎司 = 230 毫升）。

艾瑞克·凯瑟推荐店家清单（法国）

器材设备

DEHILLERIN

18 et 20, rue Coquillière

75001 Paris

Tél. 01 42 36 53 13

MAISON EMPEREUR

4, rue des Récolettes

13001 Marseille

Tél. : 04 91 54 02 29

www.empereur.fr

LA BOVIDA

www.labovida.com

烘焙用具

COOK SHOP

http://cook-shop.fr

ZODIO

www.zodio.fr

SHOPPING CULINAIRE

www.shopping-culinaire.com

MEILLEUR DU CHEF

www.meilleurduchef.com

烘焙食材

G DETOU

58, rue Tiquetonne

75002 Paris

Tél. 01 42 36 54 67

4, rue du Plat

69002 Lyon

Tél. 04 72 04 06 28

VALRHONA

http://www.valrhona.com

FRANÇOIS

www.patefeuilleteefrancois.com

图书在版编目（CIP）数据

法国烘焙教父的甜点配方 / (法) 艾瑞克·凯瑟，
(法) 布兰迪娜·博耶著；(法) 麦西莫·佩斯纳摄；柯
志仪译. -- 上海：上海文化出版社，2020.1
ISBN 978-7-5535-1848-0

Ⅰ.①法… Ⅱ.①艾… ②布… ③麦… ④柯… Ⅲ.
①烘焙－糕点加工 Ⅳ.①TS213.2

中国版本图书馆CIP数据核字(2020)第006480号

Original title: L'atelier gourmand d'Eric Kayser
By Eric Kayser with collaboration of Blandine Boyer
Photographies : Massimo Pessina
© Larousse 2014
Current Chinese translation rights arranged through Divas International Paris
巴黎迪法国际版权代理(www.divas-books.com)
本书简体中文版权归属于银杏树下（北京）图书有限责任公司
图字：09-2019-1100

出 版 人　姜逸青
策　　划　后浪出版公司
责任编辑　王茗斐
编辑统筹　王頔
特约编辑　刘悦
版面设计　李红梅
装帧制造　墨白空间·肖雅

书　　名　法国烘焙教父的甜点配方
著　　者　［法］艾瑞克·凯瑟 ［法］布兰迪娜·博耶
摄　　影　［法］麦西莫·佩斯纳
译　　者　柯志仪
出　　版　上海世纪出版集团　上海文化出版社
地　　址　上海市绍兴路7号　200020
发　　行　上海文艺出版社发行中心
　　　　　上海市绍兴路50号　200020　www.ewen.co
印　　刷　北京盛通印刷股份有限公司
开　　本　889×1194　1/16
印　　张　15.75
版　　次　2020年3月第一版　2020年3月第一次印刷
书　　号　ISBN 978-7-5535-1848-0/TS.067
定　　价　110.00元